初めてでも仲よくなれる!

かわいいウサギ 飼い方・育て方

田園調布動物病院院長
田向健一●監修

西東社

Q&Aで解説

ウサギって、こんな動物！

Q 犬や猫のように、ウサギにも品種があるの？

A 驚くほどたくさんの品種がいます。

ペットのウサギには、耳の立ったコやたれ耳のコ、小型や大型、被毛の色や長さの違うコなど、とてもたくさんの品種がいます。また、純血品種だけでなく、品種の違うウサギ同士をかけ合わせたミックスウサギ（ミニウサギ）も、ペットとして人気があります。性格もそれぞれ違い、お世話の手間や接し方も違ってきます。一般的にたれ耳の品種はおっとりした性格のコが多く、長毛種のコは短毛種よりブラッシングの手間がかかります。大型のコがほしいなら、それなりの飼育スペースも必要に。こうした情報をもとに、生活スタイルに合ったウサギのイメージを固めておきましょう。

ウサギの品種 ▶▶▶ 13ページへ

左／ジャージーウーリー、
右／ホーランドロップ

Q ウサギの好物はニンジンってホント?

A ニンジンは大好きですが、主食はペレットと牧草です。

ウサギがニンジンを食べている姿が、絵本やお話の中で多く描かれていることもあって、ウサギの主食はニンジンだと勘違いしている人も多いかもしれません。確かにウサギはニンジンの味が大好き。与えれば喜んで食べるコがほとんどですが、ニンジンだけではウサギは健康に育ちません。ウサギの主食は食物繊維の豊富な牧草と、栄養バランスのよいウサギ用の専用フード(ペレット)。ウサギの病気を予防するためにも、正しい食生活を心がけましょう。

ウサギのごはん ▶▶▶ 105ページへ

ネザーランドドワーフ

Q たくさん動ける外で飼ったほうがいいですか?

A 温度や湿度が管理しやすい室内で飼うのがおすすめです。

　ペットとして飼うことを目的に品種の改良をくり返してきたウサギにとって、気温が高すぎたり低すぎたりする屋外での生活はとても過酷なもの。外で飼うこともできますが、温度や湿度の管理が難しく、外敵からの攻撃でケガをしたり、ノミやダニの寄生によって病気になることも。ウサギはストレスで体調を崩しやすいので、特に初めて飼う人には室内で飼うことをおすすめします。

準備するものやケージを置くのによい場所 ▶▶▶ 51ページへ

ネザーランドドワーフ

Q ウサギは1匹だとさみしがるの？

A むしろ1匹のほうが快適。何匹も一緒に、ひとつのケージの中で飼わないで！

「ウサギはさみしいと死んでしまう」というウワサがありますが、ウサギはむしろ、縄張り意識が強く、自分のテリトリーに他者が侵入することを嫌います。複数飼うときでも、ケージを別にするのが基本と覚えておきましょう。また、一緒に生活することができる動物もいますが、なかには同居をさけたほうがいい動物もいます。ウサギを迎える前に確認しておきましょう。

ウサギの選び方やほかの動物との相性 ▶▶▶ 39ページへ

ミニウサギ

Q ウサギは無表情に見えますが、喜怒哀楽はあるの？

A 一緒に生活していると、ウサギの感情がわかってきます。

　ウサギは犬や猫に比べるとあまり表情に変化がなく、鳴くこともほとんどないため、ウサギの気持ちを理解できるか不安になるかもしれません。しかし、ウサギは意外に自己主張が強く、いろいろなしぐさで気持ちを伝えてきます。一緒に生活をしていくうちに、ウサギの気持ちが理解できるようになっていくはず。少しのことでストレスを感じるデリケートな面も持ち合わせているので、ウサギのボディランゲージを理解して、上手につきあっていきましょう。

しぐさの意味を知る ▶▶▶ 89ページへ

ネザーランドドワーフ

Q 散歩はできますか?

A 暑さ、寒さ対策を万全にすれば、一緒に出かけることもできます。

　ウサギを外に連れていったり、一緒に旅行することもできます。最近では、「うさんぽ」と称して、ウサギと散歩に出かけるのも流行っているようです。ただし、環境が変わることや温度の変化はウサギにとって大きなストレス。外に連れ出すには、それなりの対策が必要になります。ただ、病気やケガをしたときは、動物病院に連れていくなど、外出する必要がある場合もあるので、日ごろからキャリーケースや外出にある程度慣らしておくとよいでしょう。

散歩に連れていく ▶▶▶ 96ページへ
一緒に外出する ▶▶▶ 102ページへ

ネザーランドドワーフ

かわいいウサギ
飼い方・育て方

Contents

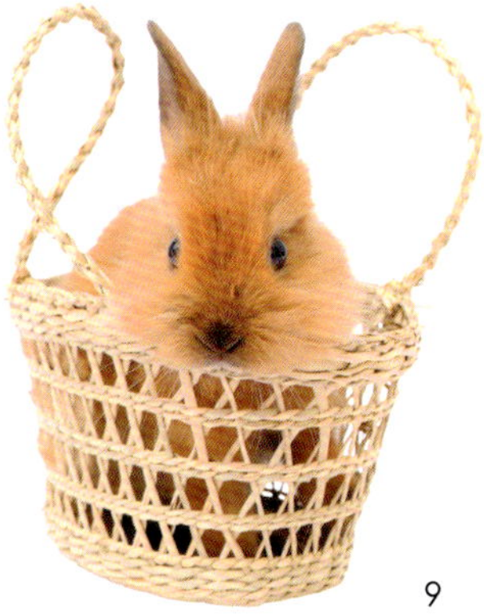

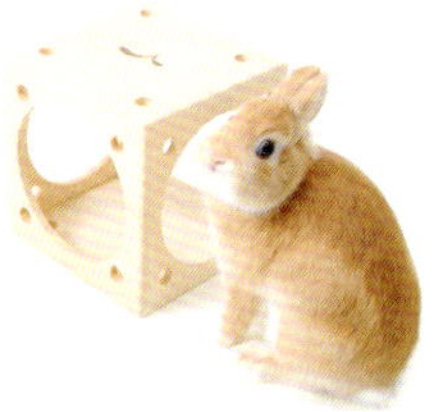

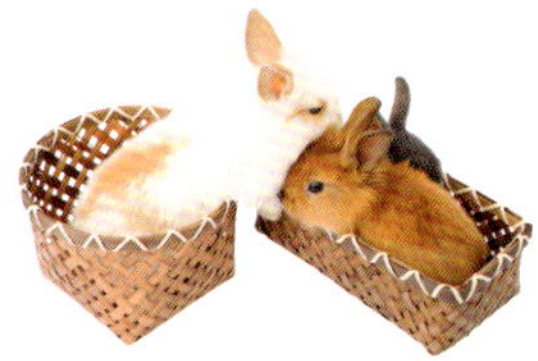

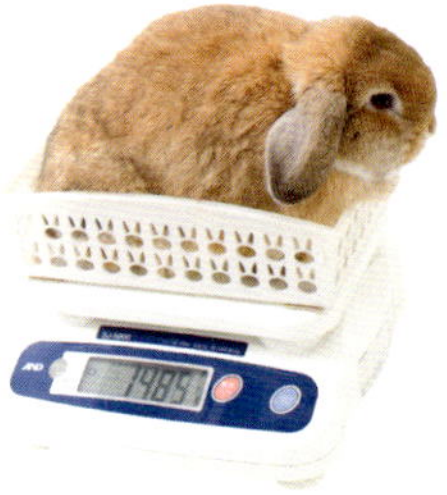

これからウサギを飼うみなさんへ

ウサギは我が国において犬や猫に続く、人気のペットになりました。長い耳とまん丸の瞳、見る人すべてを優しい気持ちにさせてくれる存在です。

鳴かない、毎日の散歩が必要ないなどからも現代の生活に向いたペットといえるでしょう。しかし、犬や猫といった肉食動物とは異なり、草食動物であるウサギはとても弱い立場にある動物であり、環境の変化やストレスに弱い一面をもっています。

ウサギをより長く健康に飼うためには、ウサギのことをよく知る必要があります。寿命は6～10年。一緒にいられる時間は長いようでとても短いものです。あなたのウサギはあなたなしでは生きられません。どうか、ウサギの立場から、正しい愛情をもって飼ってください。きっと何事にも変えられない楽しい時間を共有できることでしょう。本書がその一助になれば幸いです。

田園調布動物病院院長
田向健一

Chapter

1

人気10品種カタログ

品種を知る

人気品種カタログ

ペットのウサギは品種もカラーも豊富。お気に入りのウサギに出会うために、ペットとして人気の品種をご紹介します。

ペットウサギは世界に150種以上

　世界にはペットのウサギだけでも、150品種以上いるといわれています。小型や大型、被毛の長い品種や短い品種、立ち耳やたれ耳のウサギなど、個性も様々。近年の日本では、小型種が特に人気なようです。見た目だけでなく、性格にも品種による特徴があるので、選ぶ際の参考にしましょう。

ペットとして人気の品種

小型

ネザーランドドワーフ（短毛、立ち耳）…… P16
ホーランドロップ（短毛、たれ耳）…… P22
ジャージーウーリー（長毛、立ち耳）…… P26
アメリカンファジーロップ（長毛、たれ耳）…… P28
ドワーフホト（短毛、立ち耳）…… P29
ライオンヘッド（長毛、立ち耳）…… P30
ミニレッキス（短毛、立ち耳）…… P32
ミニウサギ ※大きくなる個体もいます。…… P36

中型

レッキス（短毛、立ち耳）
イングリッシュアンゴラ（長毛、立ち耳）
ダッチ（短毛、立ち耳）

大型

フレンチロップ（短毛、たれ耳）…… P34
イングリッシュロップ（短毛、たれ耳）…… P35
フレミッシュジャイアント（短毛、立ち耳）

ウサギMEMO

品種を認定しているARBAとは？

ARBAとは「アメリカン・ラビット・ブリーダーズ・アソシエーション（全米ウサギ繁殖家協会）」のこと。アメリカをはじめ世界に2万4000人以上の会員がいます。ペットウサギの普及啓蒙、品種改良や新品種の開発を目的とした協会で、毎年各地で多くのラビットショーを開催しています。日本のうさぎ専門店の多くは、ARBAの公認品種のうさぎを取り扱っています。

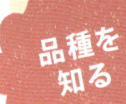

カラーバリエーションもいろいろ

ウサギはカラーバリエーションがとても豊富。ネザーランドドワーフやホーランドロップは、被毛の公認カラーが30色以上あり、ブロークンも加えるとその倍近いカラー数になります。ARBAでは、カラーのことをバラエティともいい、被毛の色に対する目と爪の色も定めています。ここでは、ARBAがスタンダード（品種基準）を定めたカラーのグループから、本書に登場する６種類を紹介します。

色のグループとカラーの例

セルフ

胴体、頭、耳、四肢、尾のすべてが同じカラーをしているグループです。ブラック、ブルー、チョコレート、ライラック、ブルーアイドホワイト、ルビーアイドホワイトなどのカラー名があります。

チョコレート
（ネザーランドドワーフ）

シェイデッド

背中からしっぽが濃い色からだんだんと薄くなっていくのが特徴。シャム猫のようなパターンです。セーブルポイント、サイアミーズセーブル、サイアミーズスモークパール、トータスシェルなどのカラー名があります。

セーブルポイント
（ホーランドロップ）

タンパターン

目の周り、耳の内側、あごの下、おなかから胸、しっぽの下が白で、その他の部分がARBAの公認カラーです。カラー名の後ろに「オター」がつくものは首の後ろの被毛がオレンジかフォーン、「マーチン」とつくものは白いのが特徴です。

ブラックオター
（ネザーランドドワーフ）

ブロークン

白をベースに各公認カラーのまだら模様が入っています。ブロークンには、小さい斑模様が点在するスポッテッドパターンと大きな斑模様のブランケットパターンの２種類があります。カラー名の頭には、「ブロークン」が入ります。

ブロークンオレンジ
（ホーランドロップ）

アグーチ

１本の毛が３色以上に分かれていて、被毛に息を吹きかけるとリング模様が見えるのが特徴。目の周り、おなか、あごの下、しっぽの下は体の色の薄い色か白。チェスナット、チンチラ、リンクス、オパール、スクワレルなどのカラー名があります。

チンチラ
（ネザーランドドワーフ）

ワイドバンド

一見すると胴体、頭、耳、足、しっぽが同じカラーに見えますが、目の周り、耳の内側、しっぽやあごの下、おなかがやや薄くなっているカラーのグループ。クリーム、フォーン（薄いオレンジ色）、オレンジなどのカラー名があります。

クリーム
（ホーランドロップ）

最も小型でカラーが豊富な人気品種

小型　短毛　立ち耳

ネザーランドドワーフ

Netherland Dwarf

Group

シェイデッド

color

サイアミーズセーブル

全身がセピアブラウンで、体の側面、胸元、おなか、足の内側、しっぽの下側に向かって薄くなっています。目の色はブラウン。

Data

原産国：オランダ

体重：0.8～1.3kg

体長：18cm前後(※)

※4本の足をついて立ったときの、首の付け根からしっぽの付け根までの長さの目安です。

特徴

ドワーフは「小さな」という意味。名前のとおり、純血種の中でいちばん体の小さなウサギです。ダッチという品種の突然変異で生まれたポーリッシュ種が、小型の野生種と交配し、偶然生まれた品種といわれています。耳は小さめで、顔はどの角度から見ても丸いのが理想。カラーが豊富で世界的に人気です。

性格

好奇心旺盛で活発、やんちゃな個体が多いようです。基本的には飼い主さんによくなつきますが、気が強いところもあり、飼い主さんの行動に敏感になったり、触られることを嫌がるコもいるようです。いろいろなしぐさや表情が見られるのもネザーランドドワーフの魅力。個体に合わせてつきあっていきましょう。

純血種とは

同じ品種同士をかけあわせたウサギを純血種といい、遺伝的な欠陥を排除し、健康や性格に問題のない個体を目指して繁殖がくり返されているため、丈夫で飼いやすいウサギが多いといわれています。

Group
セルフ

color
ルビーアイドホワイト

全身が純白の被毛で覆われています。目の色は、ルビーレッド（鮮やかな赤色）の瞳に薄いピンクの虹彩。

color
チョコレート

全身がチョコレートのような濃い茶色。やわらかくつややかな色合いが特徴です。目はブラウン。

目の色にも種類がある

うさぎの目の色は、いくつかの種類があり、ARBAのスタンダードでは、毛色に対して目の色も決められています。ブルー、ルビーレッド（ピンク）、ブラウン、ブルーグレー、マーブルなどがあります。

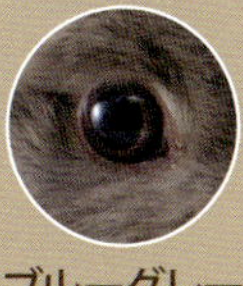

ブルーグレー

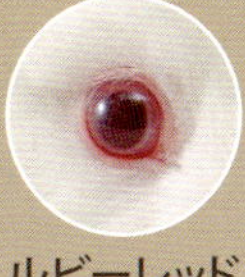

ルビーレッド（ピンク）

ブラウン

ネザーランドドワーフ

Netherland Dwarf

Group

タンパターン

color

ブルーシルバーマーチン

ブルーの基本カラーとシルバーホワイトの組み合わせ。首の後ろにシルバーホワイトのマーキングが入ります。目はブルーグレー。

color

ブラックオター

ブラックの基本カラーとクリーミーホワイトの組み合わせ。首の後ろにオレンジのマーキングが入ります。目はブラウン。

color

チョコレートオター

チョコレートの基本カラーとクリーミーホワイトの組み合わせ。首の後ろにオレンジのマーキングが入ります。目はブラウン。

color
セーブルマーチン

セピアブラウンの基本カラーとシルバーホワイトの組み合わせ。首の後ろにシルバーホワイトのマーキングが入ります。目はブラウン。

color
ブルーオター

ブルーの基本カラーとクリーミーホワイトの組み合わせ。首の後ろにフォーン（薄いオレンジ）のマーキングが入ります。目はブルーグレー。

color
ライラックオター

ライラックの基本カラーとクリーミーホワイトの組み合わせ。首の後ろにフォーンのマーキングが入ります。目はブルーグレー。

首の後ろの被毛の色は2種類

タンパターンの特徴である首の後ろの三角形の被毛（マーキング）は、「オター」がつくカラーではオレンジかフォーン（薄いオレンジ）、「マーチン」では、シルバーホワイトとクリーミーホワイトになります。

カラー名に「マーチン」がつく個体は、ホワイト系のマーキング。

カラー名に「オター」がつく個体は、オレンジかフォーンのマーキング。

ネザーランドドワーフ
Netherland Dwarf

Group
アグーチ

color
オパール

ブルーとフォーンが混じりあったカラー。すべてのアグーチのおなかはホワイト系のカラーです。目の色はブルーグレー。

color
スクワレル

ブルーとホワイトとが混じりあったカラーです。目の色はブルーグレー。

アグーチの毛は1本が3色以上

アグーチグループのカラーの特徴は、1本1本の毛が根元から毛先に向かって同じように3色以上に分かれていること。そのため、ふーっと息を吹きかけてみると、毛色のグラデーションによって、きれいなリング状の模様が現れます。

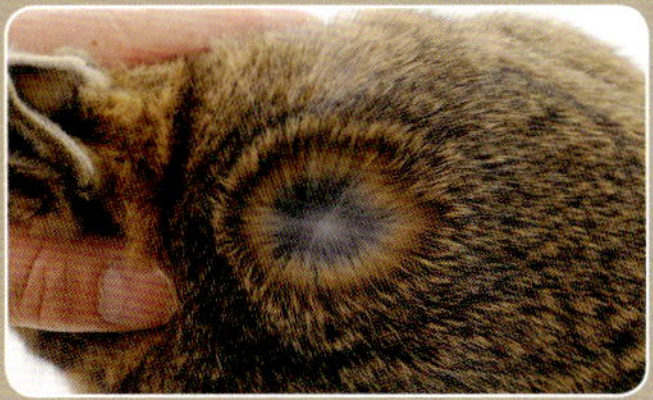

color
チンチラ

ブラックとパールホワイトが混じりあったカラーで、ゴマ塩状に見えるのが特徴です。目の色はブラウン。

color
チェスナット

薄茶色とブラックが混じりあったカラーです。目の色はブラウン。

Group

AOV
（エニーアザーバラエティ）

color
オレンジ

フォーンより濃いオレンジ色で、白い部分はフォーンと同じです。目はブラウン。

color
フォーン

フォーンとは子鹿の意味。全体的に薄いオレンジ色で、おなか、前足の後ろ、後ろ足の内側、あごの下は白、目はブルーグレーです。

AOVとは?

AOV（エニーアザーバラエティ）は、他のグループに属さないカラーを意味し、ネザーランドドワーフでは、他にブロークン、ヒマラヤン、スティールがあります。また、同じオレンジやフォーンでも、ホーランドロップやアメリカンファジーロップではワイドバンドというグループに属します。

おだやかな性格とたれ耳がチャームポイント

ホーランドロップ

小型　短毛　たれ耳

Holland Lop

Data

原産国：オランダ

体重：1.3～1.8kg　体長：21cm前後

Group

セルフ

color

ブルー

全身が落ちついた印象の、青みがかった濃いグレーが特徴。目の色はブルーグレーです。

特徴

たれ耳品種のなかでは最も小さく、ペットとして人気の品種です。オランダでドワーフ種とフレンチロップをかけ合わせたのがルーツ。改良の過程でイングリッシュロップも交配に使われ、アメリカでは1980年に品種として登録されました。小柄ながら、体つきはがっしり。頭頂部に「クラウン」と呼ばれる長めの毛が生えています。

性格

全体的に温厚でおとなしい性格のコが多く、欧米ではアニマルセラピーにも使われています。抱っこやスキンシップも比較的楽にでき、ブラッシングやケアがしやすい品種といえます。初めて飼う人にもおすすめですが、人なつっこくて甘えん坊なぶん、放っておかれると不満を感じるコもいるかもしれません。

Group

シェイデッド

color

トータス

オレンジがかった茶色で体側、鼻、耳、足、しっぽがブラックのグラデーションになっています。目はブラウン。

color

ブルートータス

ブルーとフォーンが混じりあったカラーです。鼻の周りや耳、足、しっぽの色が濃くグラデーションになっています。目はブルーグレー。

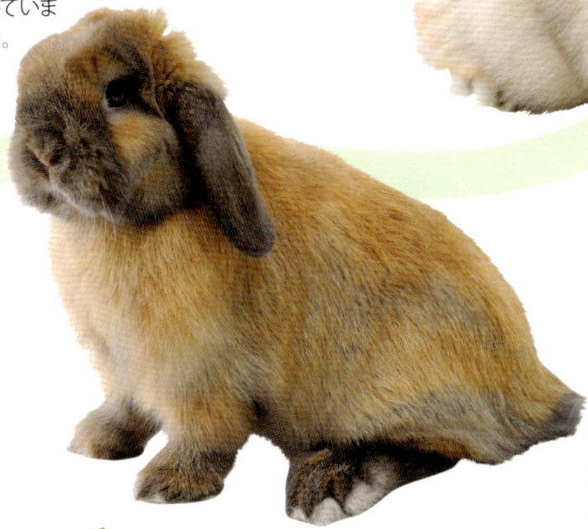

color

セーブルポイント

クリーム色を基調に、鼻、耳、足、しっぽの上側が濃いセピアブラウンのグラデーションになっています。目はブラウン。

Group

アグーチ

color

リンクス

フォーン（薄いオレンジ）とライラックが混じりあっているカラーです。目はブルーグレー。

厚みのある短い耳が特徴

ほかのたれ耳種に比べ、耳が短く厚みがあるのがホーランドロップの特徴。目の真横についていて、スプーンのような形をしているのが、美しい理想の形とされています。

ホーランドロップ
Holland Lop

Group

ブロークン

color

ブロークンフロスティ

明るいパールを基調色に薄いグレーのまだら模様が特徴。鼻、耳、足が少し濃い色になっています。目はブラウンかブルーグレー。

color

ブロークンブルー

ホワイトを基調色にブルーのまだら模様が入ったカラーです。目はブルーグレー。

color

ブロークンセーブルポイント

ホワイトを基調色にセピアブラウンのぶち模様が入ったカラーです。目はブラウン。

蝶々模様の鼻が特徴

ブロークングループの特徴は、「ノーズマーキング」とも呼ばれる鼻の周囲の模様です。蝶々が羽を広げたように、左右対称にあるのが理想とされています。

color
ブロークンオレンジ

ホワイトを基調色に明るいオレンジのぶち模様が入ったカラーです。目はブラウン。

模様には2タイプある

ブロークンには、全体的に細かくぶちが入った「スポッテッドパターン」と、背中全体に大きく色の入った「ブランケットパターン」があります。同じブロークンでも、タイプが違うと印象も変わって見えます。

スポッテッドパターン

ブランケットパターン

Group
ワイドバンド

color
オレンジ

明るいオレンジ色で、おなか、足の内側、あごの下がホワイトのカラー。目はブラウンです。

color
クリーム

クリームがかったベージュが毛の根元まで続き、おなか、足の内側、あごの下、目の周りがホワイトです。目はブルーグレー。

被毛の手触りのよさと、おだやかな性格が人気

ジャージーウーリー

小型　長毛　立ち耳

Jersey Wooly

Group

ARBA申請中

Data

原産国：アメリカ

体重：1.3～1.6kg

体長：19cm前後

color

オレンジ

ARBA未公認のカラーです。明るいオレンジでおなかと足の内側、あごの下がホワイト。目はブラウンです。

特徴

ネザーランドドワーフとフレンチアンゴラの交配により誕生しました。名前の由来は、この品種を作出したブリーダーの出身地、ニュージャージー州にちなんだもの。被毛が絡みにくいのが特徴で、長毛種のなかでは比較的お手入れしやすい品種です。初めてウサギを飼う人で、長毛種を望む人にはおすすめです。

性格

とてもおとなしい性格で、抱っこやブラッシングのときにもほとんど抵抗しないタイプが多いようです。自己主張が少なく扱いが楽な反面、自分から甘えてきたり、不満をあらわにすることが少ないので、感情が読みにくいともいえます。お手入れが簡単とはいえ、ブラッシングをしなくていいわけではありません。

Group
ブロークン

color
ブロークンオレンジ

ARBA未公認カラーです。白い被毛のなかに鮮やかなオレンジのぶちが入っています。

color
ブロークンサイアミーズセーブル

ホワイトを基調色にセピアブラウンのまだら模様が入った上品なカラー。目の色はブラウンです。

color
ブロークンブラック

ホワイトを基調色にブラックのまだら模様。目の色はブラウンです。

おでこの長い毛が特徴

耳の間から「ウールキャップ」と呼ばれる長めの毛が生えているのが、ジャージーウーリーの特徴。前髪のような印象で、とても個性的です。

ホーランドロップがルーツの長毛種

小型　長毛　たれ耳

アメリカンファジーロップ

American Fuzzy Lop

Data

原産国：アメリカ

体重：1.3～1.8kg　**体長**：21cm前後

Group

ブロークン

color

ブロークン
トータス

ホワイトを基調色にオレンジがかった茶色のまだら模様が入ったカラー。目の色はブラウンです。

Group

シェイデッド

color

トートイズシェル

全体にオレンジがかった茶色で、体の側面や耳、足、しっぽに濃いグレーのグラデーションが入ります。目はブラウン。

特徴

ホーランドロップとアンゴラの交配により生まれた、ファジーホーランド同士をかけ合わせて品種として固定されました。頭が丸く、横から見たときに潰れたような平らな顔をしています。被毛は密度が高く、やわらかすぎないのが特徴。

性格

ホーランドロップの人なつっこい性格を受け継いでいます。ただし、好奇心も旺盛で、自己主張が強い面もあるので、いろいろな要求をしてくることがあるかもしれません。被毛がからまりやすいので、毎日のブラッシングが欠かせません。

純白の被毛と目の周りの黒いラインが特徴的

ドワーフホト

小型　短毛　立ち耳

Dwarf Hotot

Data

原産国：ドイツ

体重：1～1.3kg　体長：20cm前後

color

スタンダード

全身ピュアホワイトの被毛で、目の周囲にブラックかチョコレートのアイバンドがあります。目はブラウン。

close up!

目の周囲に「アイバンド」と呼ばれるブラックかチョコレートのマーキングがあります。「アイバンド」は、細く均一な太さで濃い色が理想です。

特徴

統一前の東西ドイツのブリーダーが、同時期に違う品種の交配で同じような品種を作り出し、その後、お互いのウサギを交配し改良してできた品種です。ネザーランドドワーフに似た体つきで、ピュアホワイトの被毛にブラックかチョコレートのアイライン（アイバンド）が入っているのが特徴。

性格

ネザーランドドワーフの血を引き、好奇心旺盛で活動的な個体が多いようです。また、ネザーランドより臆病な面が少ないともいわれています。人なつっこい性格で、飼い主さんにもよくなつき、お手入れもしやすいので、比較的飼いやすい品種といえます。

たてがみのような長毛と、背中の短毛が個性的

ライオンヘッド

小型　長毛　立ち耳

Lion Head

Data

原産国：ヨーロッパ説あり

体重：1.5～2 kg

体長：20cm前後

顔や体の下側は長毛ですが、背中は短毛。とても個性的な種類です。

color

ブラックオター

ブラックの基本カラーとクリーミーホワイトの組み合わせ。首の後ろにオレンジのマーキングが入ります。目はブラウン。

特徴

現在ARBAにおいて新品種の認定を申請中。ライオンのようなたてがみは、メインといいます。将来的に顔の周りのたてがみだけが長く、体と顔は短毛になるため、よりライオンの姿に似てくるといわれています。

性格

新しい品種のため、活発なコ、臆病なコなど、性格も様々です。日本では名前に「ライオン」がついた、ライオンヘッドに似た別のウサギが売られていることが多く、ARBAに申請中のライオンヘッド自体はまだ扱いが多くないようです。

color
トータス

全体的にオレンジがかった茶色で、耳や顔、足先などにグレーブラックが入ったカラー。目の色はブラウンです。

color
ブルー

全身がふんわりとやさしいグレー。長毛部分が淡く、短毛部分が濃いめです。目の色はブルーグレーです。

color
リンクス

全身がフォーン（薄いオレンジ）で、薄いグレーが混じった、まだスタンダードにはないカラーです。

color
ブルートータス

薄いグレーとオレンジがかった茶色の組み合わせ。目の色はブルーグレーです。

ベルベットのような、触り心地のよい独特の被毛

ミニレッキス

小型　短毛　立ち耳

Mini Rex

Data

原産国：アメリカ

体重：1.5～2kg

体長：22cm前後

Group

ブロークン

color

ブロークンオレンジ

全体的に白い被毛のうえに、鮮やかなオレンジのまだら模様。目の色はブラウンです。

color
トータス

グループに属さない単独のカラーです。オレンジがかった茶色とグレーブラックの組み合わせ。目の色はブラウンです。

color
キャスター

グループに属さない単独のカラーです。全体的に濃いチェスナットブラウン（栗毛色）。目の周囲やあごの下は、クリームがかった色。目の色はブラウンです。

特徴

オランダから輸入された小型のレッキスと、レッキスの交配によってアメリカで作られた品種です。アメリカでは最も人気があり、ラビットショーでもいちばん出展数が多い品種でもあります。きめ細かくベルベットのような被毛で、一度触れたら忘れられない手触りが、この品種最大の魅力です。

性格

全体的には人なつっこく、とても行動的なタイプ。物おじしない性格で遊び好き、甘え上手で抱っこや触られることも嫌がらないコが多いようです。足の裏の毛が短いため、足底皮膚炎にかかりやすいといわれています。食欲旺盛で、太りやすいタイプでもあるので、食事の管理には気を配りましょう。

4.5kgを超える最も大きなたれ耳ウサギ

フレンチロップ

大型　短毛　たれ耳

French Lop

Data

原産国：フランス

体重：4.5～7kg

体長：50cm前後

Group

アグーチ

color

チェスナット

1本の毛が黒、オレンジ、茶色のグラデーションを持つカラーです。首の後ろはオレンジ、目の色はブラウンです。

特徴

イングリッシュロップと、フレミッシュジャイアントに似たバタフライラビットという種類の交配によって生まれました。たれ耳のロップイヤー種のなかでは最も大きくなる品種です。がっちりとした骨格を持ち、大人になると4kgを超えます。

性格

大型の典型で、穏やかでおっとりした性格ですが、非常に大きくなるため広い飼育スペースが必要です。脚力が強いため、蹴られたら大変。普段から十分なコミュニケーションをとり、体に触れることに慣らしておくことが大切です。

世界一長い耳をもつ、ペットウサギの最古参

イングリッシュロップ

English Lop

大型 短毛 たれ耳

Data
原産国：イギリス
体重：4～6 kg
体長：40cm 前後

Group

シェイデッド

color

トータス

オレンジがかった茶色で、体側、鼻先、耳、足、しっぽはブラックが濃く、次第にグラデーションになっています。

特徴

ペットのウサギとしては最も古い品種といわれています。また、初めて現れたたれ耳の品種で、現在ペットとして人気のホーランドロップやフレンチロップなどの元になったウサギです。驚くほど大きな耳が特徴で、長ければ長いほどよいとされています。

性格

体は大きいですが、性格はとてもおだやか。頭もよく、人と上手に生活していけるといわれています。自分の足で踏んでしまうほど耳が大きくなるので、爪を引っかけたりしないように注意しなくてはなりません。大型種なので、小型種よりも広い飼育スペースが必要です。

カラーも形も様々で、個性的な個体が多い

ミニウサギ

Mini Rabbit

Data

原産国：個体により様々

体重：個体により様々

体長：個体により異なりますが、20～30cm前後

ホワイトとブラックのマーブル模様。ブロークンとはまた違った個性があります。

全身がオレンジ。鼻先、耳の縁、足先にほんのりブラックが入っています。

特徴

ペットショップやホームセンターのペットコーナーなどでも取り扱いがあり、全国的に入手しやすく、純血種より安価なのが特徴。違う品種同士の交配や、ミニウサギ同士の掛け合わせで生まれるため、大きさや被毛の長さは育ってからわかります。カラーも無数にあり、選ぶ楽しみがあります。

性格

いろいろな品種がミックスされているため、気の強いタイプやおっとりしたタイプなど、性格も様々です。共通する性格がこれといってないからこそ、育てる楽しみがあるのがミニウサギの魅力ともいえるでしょう。それぞれの個性に合わせて接していきましょう。

白のベースにオレンジのポイントが入った、ブロークンのようなカラー。

全身がやわらかなグレー。鼻先と足の先に少しだけ白が入っています。

ホワイト×グレーのまだら模様。耳の形にも親ウサギの特徴が反映されます。

ミニウサギのカラーについて

ミニウサギは総称で、ミックスのため決まったカラー名はありません。ARBAなどの団体が定めるカラーを参考に、販売店が独自にカラー名をつけていることが多く、同じカラーでも呼び方が違うことがあります。

ミニといっても大きくなることも！

今でこそ様々なタイプのいるミニウサギですが、もっと以前はジャパニーズホワイトという大型のウサギと中型のダッチをかけ合わせたものが多かったようです。「ミニ」と呼ばれるのは、この大型のジャパニーズホワイトに比べて小さいという意味で、実際には中型以上に大きく成長するコもいます。

Break Time 1

ウサギの分類

ウサギは以前は、ほ乳類（ほ乳綱）のなかの「げっ歯目（ネズミ目）」に分類されていました。しかし最近になって、げっ歯目の動物（ネズミなど）にはない特徴があることから、新たに「重歯目（ウサギ目）」に分類されるようになりました。ペットウサギのルーツは、地面に穴を掘って生活していたアナウサギ。被毛のカラーバリエーションや大きさなど、とても種類の多いペットウサギですが、分類学上はすべて「アナウサギ」になるのです。

重《じゅう》歯《し》目（ウサギ目）

ナキウサギ科

耳が短くしっぽがほとんどありません。名前のとおり、小鳥のように鳴くようですが、日本にはほとんど生息していないため、なかなか姿を見ることができません。

ウサギ科

その他の属

アナウサギ属以外に８属あるといわれています。

アナウサギ属

ノウサギ属

生まれたときから全身に毛が生えていて、一般的には群を作らず地上で単独で生きています。長距離を走る持続力があります。

アナウサギ

ペットウサギのルーツ

家庭でペットとして飼われているウサギの祖先は、すべてこのアナウサギ。ノウサギに対して、アナウサギは地面に穴を掘って生活し、長距離を走る持続力は低いといわれています。

Chapter

2

お気に入りのウサギを選ぶ

ウサギを選ぶ

選択のポイント

ウサギ選びでは、見た目のほかに考慮してほしいことがあります。
その内容と選ぶ際のポイントを紹介します。

ライフスタイルに合わせて選ぶことも大切

ペットウサギは品種が豊富で、ひとつの品種に30色以上のカラーバリエーションがあるものも。

どのコを迎えるか悩んだときは、そのウサギの性格やケアのしやすさ、飼育スペースの広さなども選択の基準にしてください。それぞれの生活スタイルに合ったウサギと出会えれば、無理をせず、長く楽しく、一緒に暮らしていくことができるはずです。

1. 体の大きさ

飼育スペースが充分に確保できるかを考えて

大人になっても体重が1kg前後の品種、5kg以上にまでなる品種と、品種によって成長具合も様々です。当然のことながら、体が大きい品種にはそれなりに広い飼育スペースが必要に。体の大きさに応じた飼育スペースを確保することは、ウサギの健康維持にとっても重要なことです。大人になったときの大きさを確認し、十分な飼育スペースが確保できるかを検討しましょう。

小型（1〜2kg程度）

- **ネザーランドドワーフ**
- **ホーランドロップ**
- **ジャージーウーリー**
- **ミニレッキス** など

中型（2〜5kg程度）

- **レッキス**
- **イングリッシュアンゴラ**
- **ダッチ** など

大型（5kg以上）

- **フレンチロップ**
- **イングリッシュロップ**
- **フレミッシュジャイアント** など

ウサギMEMO

ミニウサギには個体差がある

純血種は成長時の体の大きさが予測できますが、ミニウサギは品種の違う個体やミニウサギ同士をかけ合わせたミックス（雑種）ウサギのため、成長具合が予測しづらい種類です。成長すると3kgを超える可能性もあるので、この点も考慮して選びましょう。

2. 毛質

長毛種は短毛種よりケアの時間が必要

長毛種はその長い被毛が魅力ですが、短毛種よりていねいなブラッシングが必要なため、世話に手間がかかります。また、暑さに弱い品種が多く、夏場は特に気をつけてやらなければなりません。短毛種は足裏の被毛も短いため、足裏の皮膚の病気（ソアホック）に注意が必要な場合も。こうしたケアにどれくらい時間をとれるかも、ウサギ選びの材料になります。

短毛種

足裏の毛が薄い分、足裏の皮膚の病気に気を配る必要があります。

- **ネザーランドドワーフ**（写真）
- **ホーランドロップ**
- **ドワーフホト**
- **ミニレッキス** など

長毛種

ブラッシングや夏場の健康管理など、短毛種より多少世話に手間を要します。

- **ジャージーウーリー**（写真）
- **アメリカンファジーロップ**
- **ライオンヘッド** など

3. 耳の形

たれ耳の品種は耳の病気に注意が必要

立ち耳

やんちゃなコが多いといわれています。

- **ネザーランドドワーフ**（写真）
- **ジャージーウーリー**
- **ミニレッキス** など

たれ耳

梅雨時や夏場は特に耳のケアが大事。

- **ホーランドロップ**（写真）
- **アメリカンファジーロップ**
- **フレンチロップ** など

ぴんと立った耳がチャーミングな立ち耳タイプと、垂れ下がった耳が魅力のたれ耳タイプがいます。湿度の高い梅雨時や夏場は、特にたれ耳の品種は耳の中が蒸れやすく、耳の病気に注意が必要です。立ち耳の品種も耳のケアが必要ないわけではありません。

ウサギMEMO

たれ耳タイプはおっとりさんが多い

立ち耳タイプはやんちゃで活発な品種が多く、たれ耳タイプは比較的おっとりしたおだやかな性格の品種が多いといわれています。性格もウサギ選びの参考に。ただし、個体差があります。

4. 性別

オス・メスそれぞれの行動の違いを参考に

オスとメスでは、行動に違いがあり、思春期や性成熟を迎えてからエスカレートする行動もあります。性格は品種や個体差によるところも大きく、一概には言えませんが、比較的よく見られる性別ごとの行動の違いは以下の通りです。

オスに多い行動

- 縄張り意識が強く、思春期になると「スプレー行動（オシッコをまき散らす行動）」をすることがある。
- いろいろなものにあごをこすりつける「においつけ」をメスより頻繁にする。

メスに多い行動

- 妊娠していないのに巣作りをする「偽妊娠」行動が見られる。
- 妊娠すると、気性が荒くなる。

ウサギMEMO

オスとメスの見分け方

オスの睾丸は生後３カ月くらいまではおなかの中にあるため、子ウサギの性別は見分けづらいでしょう。生殖器を押して広げたとき、先端が尖っているのがオス、スリット状ならメスです。また、生殖器と肛門の間が離れているのがオス、近いのがメスです。

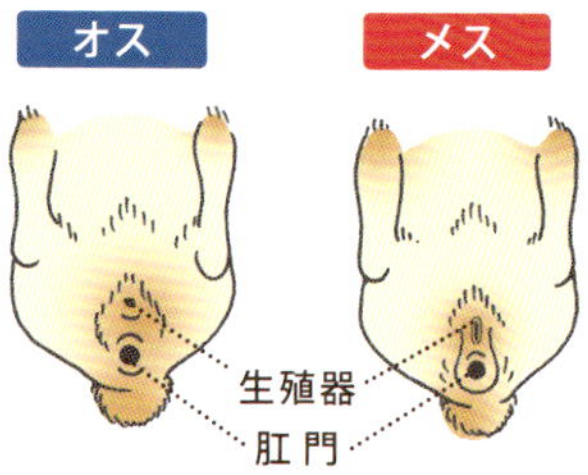

5. 複数飼い

性別ごとの相性を確認し、ケージは別々に

ウサギ同士の相性を事前に確認しておきましょう（下記参照）。ただし、初めてウサギを飼う人は、世話に慣れるまでは１匹飼いをおすすめします。

× **オス×オス**
縄張り意識の強いもの同士でケンカが多発し、ケガをする可能性があります。

△ **オス×メス**
未去勢・未避妊だと、気づかないうちに交尾し、子ウサギが生まれてしまいます。

△ **メス×メス**
相性が悪い場合に限っては、大ゲンカに発展することがあります。

Point!

できるだけ、ケージは別々にしましょう

同じケージで仲よくできるウサギもいますが、成長に応じて関係が悪化することもあり得ます。トラブルなく、ウサギたちがストレスを感じないで暮らせるように、初めからケージを分けて、少し離して飼うのがよいでしょう。

6. ほかの動物

一緒に飼える動物と、避けたい動物がいます

草食動物のウサギは、野生では肉食動物に常に狙われる存在でした。そのため、本能的に犬や猫、フェレットなどの肉食動物との同居は、ウサギにとってはストレスに。犬や猫を飼っている場合は、ウサギの飼育スペースには入らせないようにしたほうがよいでしょう。ただし、一緒に生活していくなかで少しずつ慣れ、仲よくできるウサギもいるかもしれません。

○ 同居可能な動物
＝
草食動物
（ハムスター、モルモット、小鳥など）

ウサギと同じ草食動物は、同居可能です。ただし、ハムスターやモルモットには、共通してかかる感染症があります。

△ ウサギにとってストレスになる動物
＝
肉食動物
（犬、猫、フェレットなど）

補食されるかもしれないという警戒心が常にあるため、ウサギにとってはストレス。同居の際は、飼育スペースを分けましょう。

7. 繁殖

将来繁殖をしたいかも検討材料に

繁殖を希望するか否かも、ウサギ選びの材料になります。繁殖はウサギの健康状態に問題がないことが最低条件。5歳をすぎた高齢ウサギを引きとって飼うような場合も、繁殖には向きません。そのほか、避けたほうがよいウサギ（169ページ参照）や、血統などをお店で確認し、選ぶ際の検討材料にしましょう。

ウサギを探す

ウサギの入手方法

ウサギを迎える方法はいくつかあります。
実際に会いに行って、納得のいく１匹を見つけましょう。

実際に見て、決めることが大切

本書では、ペットショップで選ぶ場合、ブリーダーから譲り受ける場合、飼っている家から子ウサギを譲り受ける場合の３つの方法を紹介します。どの方法で迎える場合でも、好みだけでなく、生活スタイルに合った種類、ウサギの性格、性別、予算など、くわしいことを決めておくことが大切。また、迎えてからのトラブルを避けるためにも、実際に見に行き、ウサギの飼育環境を見て、よく話を聞いてから納得して決めるとよいでしょう。

1. ペットショップで選ぶ

専門知識のあるスタッフがいると安心

最近ではウサギを扱うペットショップも多く、ウサギ専門店も全国に増えてきました。ショップでは、見た目や毛色の好みだけでなく、動いている様子や性格も観察しましょう。その際、スタッフがウサギについてくわしいか、ウサギ用品の品揃えが充実しているかなどもあわせて確認を。そうしたショップであれば、飼い始めてから困ったときにも相談にのってくれるでしょう（右ページ参照）。

ウサギMEMO

夕方以降に見に行くのがオススメ

ウサギは薄明薄暮性の動物。日中はあまり活発に動くことがありません。そのウサギ本来の様子をチェックするには、活発に動いている夕方６時前後がおすすめです。

よいペットショップのチェックポイント

ウサギの飼育環境は？

食べ残したフードが放置されていたり、排泄物などでケージ内が汚れていないかチェック。汚れた環境下では、ウサギが病気になりかねません。

ウサギの数は豊富？

ウサギは品種や性別によっても性格や運動量が異なります。できるだけ多くのウサギを比べて見られると、本当に飼いたい1匹を見つけやすいでしょう。

店内は清潔？

隅々まで掃除が行き届いているかチェックを。

スタッフがウサギにくわしい？

ウサギを飼い始めてからもペットショップとはつきあっていくことになります。困ったことがあったときに、信頼して相談できる専門知識のあるスタッフがいると安心です。

ウサギ用品の品揃えが充実している？

消耗品や成長に合わせて必要なグッズ、季節に合わせて必要なグッズなど、ウサギに関する品揃えが多いこともポイントのひとつです。

Point!

ウサギの数や専門知識が豊富な専門店も活用して

ウサギだけを扱う専門店は、特定の品種（純血種）にこだわってブリーディングから販売までを行っているところも多く、その品種の専門知識が豊富なスタッフがいるといえます。また、必要な用品の品揃えも多く、困りごとの相談もしやすいでしょう。

専門店のメリット

- 扱っている品種についての知識が豊富
- ウサギ用品の品揃えが豊富
- 飼育についてわからないこと、困ったことなどに対し、適切なアドバイスをしてもらえる
- 爪切り、シャンプーなどのサービスを行っている

※専門店のすべてが上記の項目を満たしているわけではありません。

消耗品やケア用品など、ウサギ用品の品揃えが豊富な専門店だと、ウサギを飼い始めてからも安心です。（写真は「うさぎのしっぽ 横浜店」）

2. ブリーダーから購入する

健康で理想的な体型のウサギが手に入る

ブリーダーとは動物を繁殖させている人のこと。同一品種を繁殖させていることが多く、その品種の専門知識が豊富な人といえます。また、繁殖に適した個体同士を見極めて繁殖を行っているため、健康でショーに出せるようなスタイルのいい子ウサギが生まれることも期待できます。

ただし、残念ながらブリーダーを自称するだけの悪質な業者が存在することも事実です。トラブルに巻きこまれないためにも、できるだけ実際に飼育環境を見に行き、自分の目で見て飼いたいウサギを決めることが大切です。

購入までの理想的な流れ

❶ ほしい品種を決める

▼

❷ ブリーダーを探す

▼

❸ 電話やメールで問い合わせる

▼

❹ 実際に見に行く ▶

❺ 飼うウサギを決定！

Point!

買う前、譲ってもらう前に確認したいこと

ウサギは環境の変化に敏感な動物。どのような方法で迎える場合でも、事前にウサギの性格を把握し、それまで生活していた環境をできるだけ変えないようにすることが大切です。迎える前に以下のことを確認しておきましょう。

- □ どんなフードを与えていたか
  （ペレットや牧草の種類、野菜や果物の内容、量）
- □ 生後何カ月か
  （生後２カ月以降が好ましい）
- □ どんな飼育環境だったか
  （ケージ内のセッティングや使用していた用品など）
- □ ウサギの性別、種類、性格
  （おとなしいか、運動量が多いかなど）

3. 友人から譲り受ける

事前に約束し、譲り受けるのは生後2カ月を目安に

ウサギを飼っている友人の家から子ウサギを迎える場合、迎える時期に注意してください。ウサギは生後3週間前後で離乳を迎えます。生まれてすぐの子ウサギはとてもかわいく、すぐにでも迎え入れたいと思うかもしれませんが、離乳がすむまでは母ウサギから離さないほうがよいでしょう。

また、離乳を終えても子ウサギにとって環境の変化は大きなストレスになり、病気を引き起こしかねません。譲り受けるときは、免疫力がつき、ある程度体も成長した生後2カ月以降がよいでしょう。

ウサギMEMO

里親募集を利用する手も

インターネットを通じて、生まれた子ウサギの新しい家を募集している人や、捨てウサギを保護している団体が里親を募集するケースもあります。条件に納得し、実際に見に行ける地域なら、こうした情報を頼って迎える方法もあるでしょう。譲り受けるときに確認しておきたいことは、左ページを参照してください。

ウサギをチェック

健康なウサギの目安

飼いたい品種を決めたら、実際に見に行って健康状態をチェック。
納得してから迎え入れましょう。

目　目やにや涙で汚れていない？

目やに、涙が多く出ているときは目の病気の可能性が。まぶたの裏が赤く充血していないかも確認しましょう。

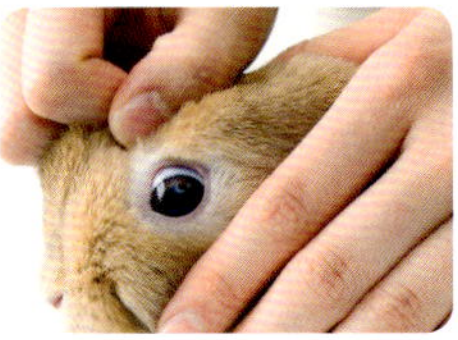

耳　汚れやにおいがない？

耳の内側が汚れていないか、かさぶたやただれがないか、嫌なにおいがしていないかをチェック。

鼻

鼻水が出たりガサガサしていない？

鼻水で鼻の毛が濡れていないか、反対にガサガサに乾燥してかさぶたのようになっていないか確認を。

口・歯

よだれが出たり歯が曲がったりしていない？

よだれが出て口の周りが汚れていないか、歯が曲がっていたり、変な方向に伸びていないか確認。

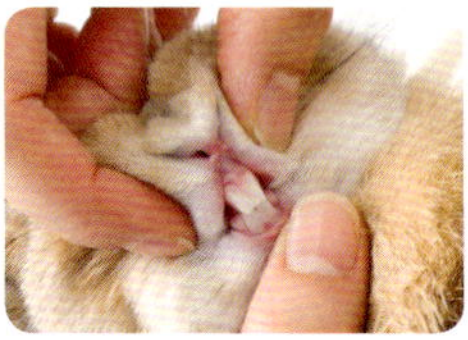

ケージの外からだけでなく、細かい部位も確認を

ウサギが活動的になる夕方見に行くのがおすすめです。せまいケージで何匹も一緒に飼われていないか、ケージの中がウンチやオシッコで汚れていないか、主食となる牧草とペレットをきちんと与えられているかをチェックします。また、動きにおかしなところがないか、よく動いているかも確認を。その後、できるだけケージから出してもらい、下のような点をスタッフに見せてもらいましょう。

毛並み・皮膚

フケや汚れ、傷はない？

被毛にフケがあったり汚れていたり、脱毛していないか。皮膚は被毛を分けて傷や赤みをチェック。

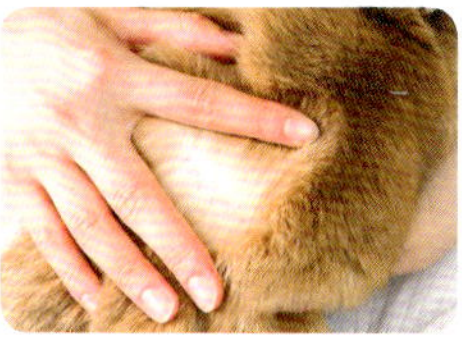

ウサギMEMO

病気や障害のあるウサギも大切に！

飼い始めたときは健康でも、様々な事情で病気や障害を持つ可能性はあります。病気になったり障害を持つことになっても、途中で投げ出さずに、最後まで責任を持ってお世話することが大切。愛情を持って、一緒に生活してください。

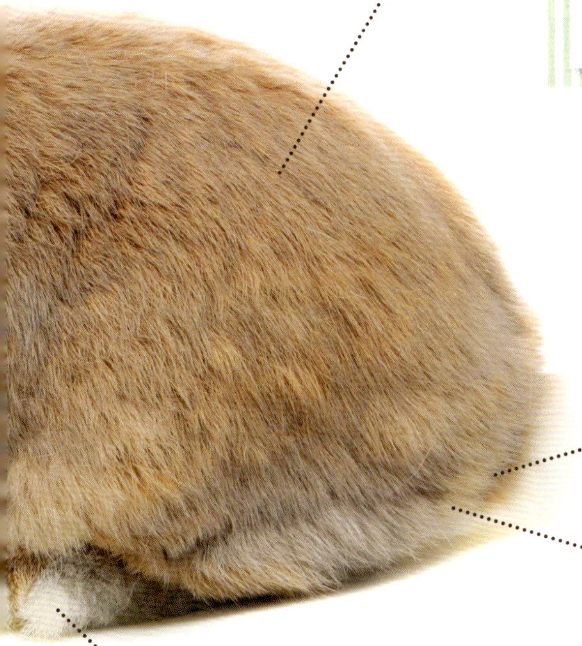

お尻・ウンチ

ウンチで被毛が汚れていない？

健康なウサギのウンチは丸くてコロコロしています。お尻のまわりの被毛がウンチで汚れているときは、下痢をしている可能性があります。

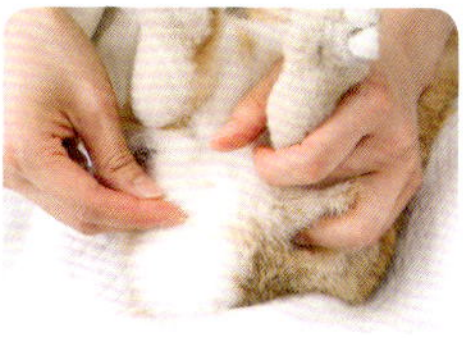

オシッコ

日によって色は様々です

ウサギのオシッコはカルシウム分が多く、濁っているのが普通です。また、健康状態に問題がなくても、薄い黄色やオレンジ色、赤色と、日によって違う色のオシッコをします。

足

触られても嫌がらず、足裏に脱毛がない？

触ったときに痛がるそぶりを見せないか、足裏の被毛が脱毛して傷になっていないか、毛繕いをするときに使う前足が鼻水やよだれで汚れていないか確認。

Break Time 2

ウサギの五感と運動能力

家庭で飼われることを目的に品種改良がくり返されてきたペットウサギですが、習性や能力には、野生の名残がみられ、敵からいつでも逃れられるように、嗅覚と聴覚がかなり発達しています。記憶力もあるので、自分の名前を覚えることもできます。ウサギの能力を知っておくと、お世話にも役立つでしょう。

嗅覚

ぴくぴくとよく動き、様々なにおいをかぎわけることができます。敵味方の区別も、においで判別できます。敏感ゆえに香水やたばこ、香料のついたものなどのにおいを嫌うウサギが多いようです。

味覚

様々な味を判断できるグルメな舌を持っています。そのため好き嫌いがはっきりしているともいえます。ただし、食品かそうでないか、ウサギにとって有害な食品かの判断はできません。

触覚

全身を被毛に覆われているため、刺激には敏感ではありませんが、ヒゲは優秀。道幅を測ったり、暗い中で周囲の状況を探ることができます。ヒゲは切ったり、引っぱったりしないで。

運動能力

ジャンプ力と瞬発力に優れていますが、持久力は高くありません。前足はパンチ力、後ろ足はキック力にも優れています。ケンカのときはパンチやキックが飛び出すことも。

聴覚

微細な音も聴き取れる敏感な耳を持っています。両方の耳を別々に動かすことができ、360度どこからの音もキャッチできます。そのぶん大きな音は苦手なので気をつけて。

視覚

ウサギの視界は左右合わせてなんと約340度。前を向いているようでも、後方まで確認できています。夜行性のため暗い中でもものは見えますが、視力自体はそれほどよくないようです。

Chapter

3

ウサギを迎える準備

用品を揃える

最初に必要な用品

ウサギを家に迎える前に必要なグッズを用意しておきましょう。
ウサギが快適に過ごせるよう、安全な素材を選んで。

ウサギが1日の大半を過ごす家を快適に

最初に揃えたいのは、日常生活に必要なもの。選ぶ基準は右の通りです。快適な空間があれば、ウサギは安心してくつろぐことができるでしょう。

グッズ選びのポイント

- 安全な素材でできている
- 丈夫で壊れにくい
- 掃除がしやすく機能的
- ウサギの生態を理解した構造

ケージ

予算 ▶▶▶ 1万円前後

大人になっても十分な広さのあるものを選ぶ

ウサギが1日の大半を過ごす家です。丈夫で毎日のお世話がしやすいことを基準に選びましょう。また、体が大きくなっても大丈夫なように、小型種なら幅60cm×奥行き50cm×高さ50cmくらいを目安に。専門店ではウサギの生態を理解し、お世話がしやすいよう設計された専用ケージの販売をしているところもあります。

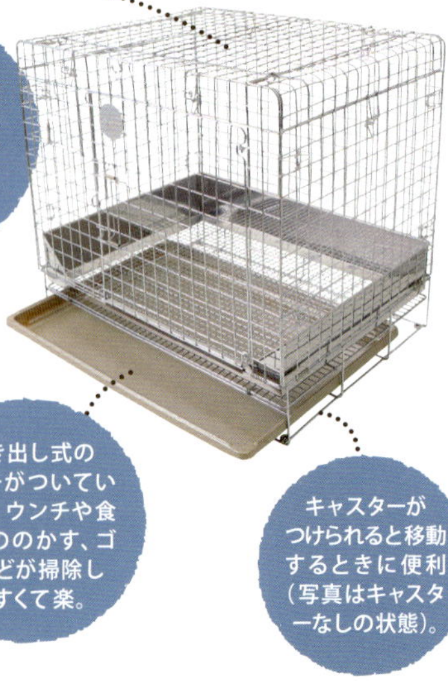

正面のトビラ以外に、天井にトビラがあると、ウサギを抱いて出し入れするときに便利。

引き出し式のトレーがついていると、ウンチや食べもののかす、ゴミなどが掃除しやすくて楽。

キャスターがつけられると移動するときに便利（写真はキャスターなしの状態）。

ウサギMEMO

ケージガードがあると安心

ケージをケージガードで囲んでおくと、抜け毛やオシッコの飛び散りなどで壁や周りの床を汚すのを防ぐことができます。汚れが気になる人は使用してもよいでしょう。

※掲載の予算はあくまでも目安です。掲載商品は、仕様の変更や販売が終了する場合があります。

すのこ

予算 ▶▶▶ 1,500円前後

交換用に2、3枚用意しておくと便利

すのこにはプラスチック製、木製、スチール製などがあります。足裏への負担を軽減するために、必ずケージ内に敷きましょう。ウサギの足の骨の構造上、平らなものより緩やかな凹凸があるものが適しています。床に敷くため汚れやすいので、交換用に2、3枚用意しておくとよいでしょう。

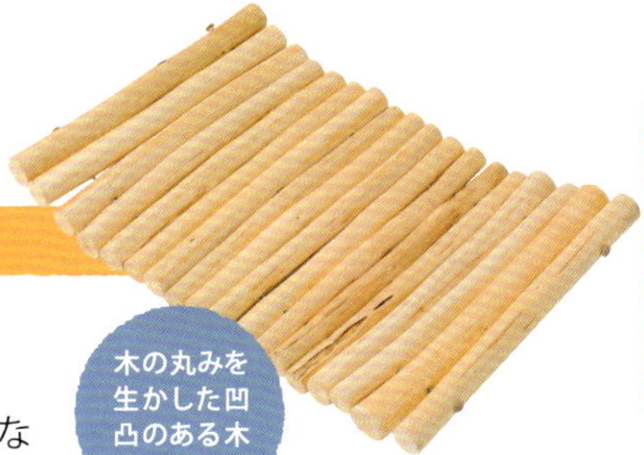

木の丸みを生かした凹凸のある木製タイプ。

汚れが洗いやすいプラスチック製すのこ。

トイレ

予算 ▶▶▶ 1,000円前後（プラスチック製）、3,000円前後（陶器製）

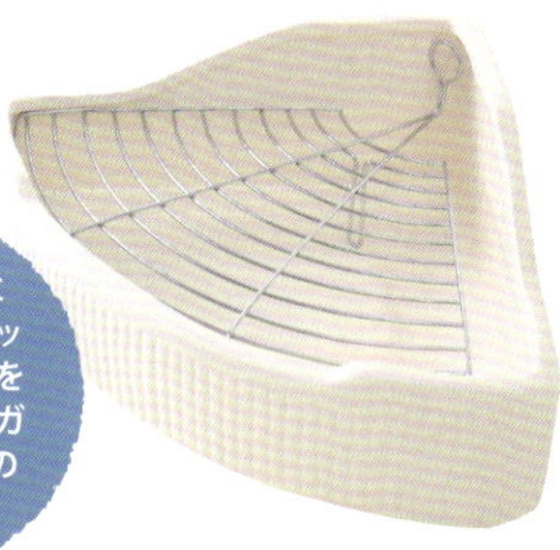

ケージの隅に置けて、オシッコの飛び散りを防ぐオシッコガードがあるものがおすすめ。

深さのあるものがおすすめ

陶器製とプラスチック製が主流です。陶器製は汚れがつきにくく衛生的ですが、プラスチック製よりは高額。オシッコが被毛につかないように、トイレのすのこの下が深め（4、5cm程度）のものがよいでしょう。プラスチック製は、ウサギがひっくり返さないように、ケージにしっかり固定して使用を。

トイレ砂

予算 ▶▶▶ 1,000円前後（5kg）

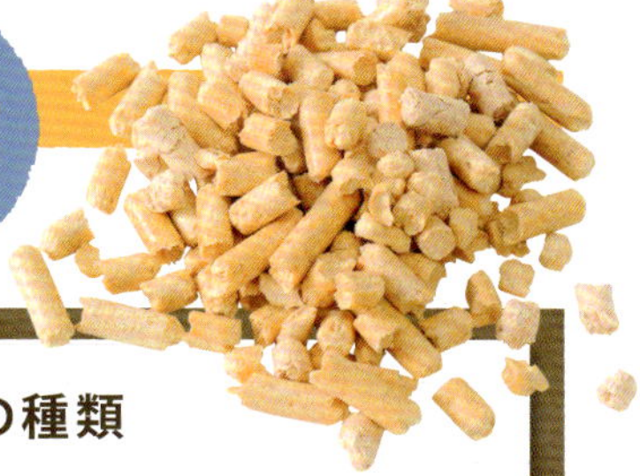

ウサギのトイレ砂の定番の形状。写真はパインウッド。

様々なタイプから合うものを

トイレ砂はトイレの底に入れて使用します。掃除が楽なのは吸水性に優れたタイプです。消臭作用のあるものなど、様々な種類が販売されているので、気に入ったものを選びましょう。

おもなトイレ砂の種類

- **樹木** パインウッド（マツ）、スギ、ヒノキ、ポプラなどをチップにしたもの。抗菌・消臭作用のあるものも。
- **紙** 再生紙などを利用した紙のタイプは吸水性に優れているのが特徴。水洗トイレに流せるものも多い。

食器

予算 ▶▶▶1,000円前後

安定感があり、ウサギがひっくり返す心配の少ない陶器製。

安定感のある陶器か固定式がおすすめ

食器にはペレットや野菜を入れます。ウサギがひっくり返してしまわないように、重さのある陶器製か、ケージに固定できるタイプがよいでしょう。陶器製だと、かじる心配もなく安心です。人用の食器などを代用する場合は、深さ5cm、直径12cmを目安に。

牧草入れ

予算 ▶▶▶1,000円前後

形も素材もいろいろ。使い勝手を考慮して

牧草の減り具合を確認したり、補充するときの使い勝手のよさが選択のポイントに。木製、陶器製、プラスチック製などがあり、ケージに引っ掛けるタイプやネジで固定するタイプなどがあります。木製はウサギがかじっても安心、上が開いているものは、牧草の補充が楽と、それぞれにメリットがあります。

縦にしても横にしても使えるデザインの陶器製。ケージにネジで固定して使用するタイプ。

ケージに引っ掛けて使うプラスチック製のタイプ。上が大きく開いているので、牧草の補充が楽な設計。

水飲み

**予算 ▶▶▶ 1,000円前後（200ml）、
別売スプリングホルダー400円前後**

ウサギが飲みやすく衛生的なものを

おすすめはケージに固定するボトルタイプです。置き型と比べ、被毛を濡らす心配がありません。初めて設置したときは、ウサギがちゃんと飲んでいるか、高さは合っているかを確認しましょう。ボトルタイプが苦手なウサギや、視力が低下したウサギ、高齢のウサギには置き型の水飲みを検討しましょう。

置き型。ボトルタイプではうまく飲めないウサギや、運動量の落ちた高齢ウサギに。

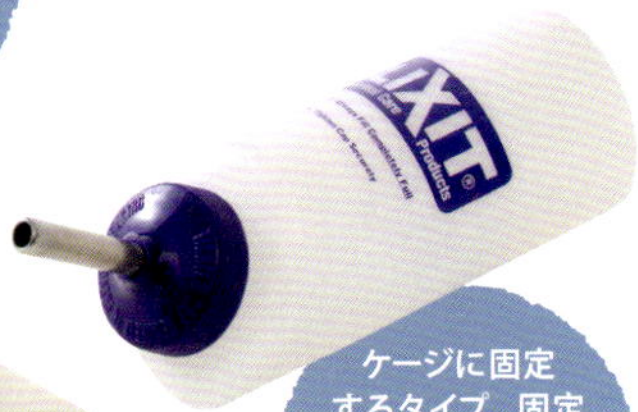

ケージに固定するタイプ。固定のためにスプリングホルダーを別途用意する必要がある場合も。

牧草・ペレットストッカー

予算 ▶▶▶ 1,500円前後（5kg入り）

湿りやすいフードをしっかり保存できるものを

開封した牧草やペレットの鮮度を保ち、湿らないように管理するのに欠かせません。サイズもいろいろあるので、自宅の保存スペースに応じた大きさを選びましょう。スコップやカップが付いているものもあります。

密閉力が高く、使い勝手がよいタイプを選びましょう。

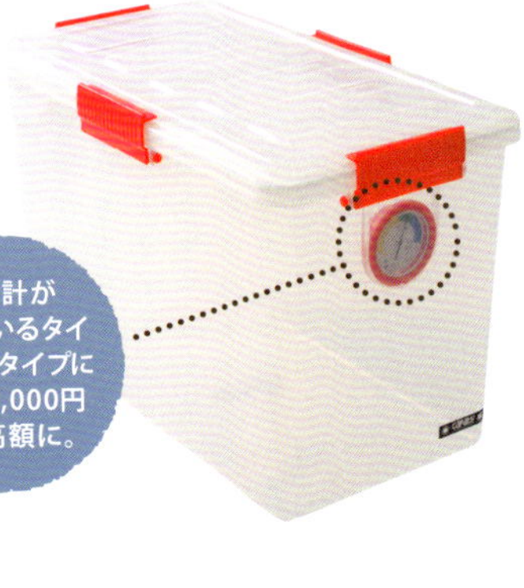

湿度計がついているタイプ。上のタイプに比べ、1,000円後前高額に。

ウサギMEMO

乾燥剤を入れるとさらに保存力アップ

市販の乾燥剤（人用でOK）を入れると、ドライフードの鮮度をより保つことができます。使用するときは必ず「食品用」と表記のあるものを使用しましょう。

ステップ・トンネル

予算 ▶▶▶ 1,000～3,000円程度

自然に運動できるようレイアウトを考えて

ウサギの本能を刺激する遊具を、きゅうくつにならない程度に入れましょう。上る、下りる、もぐるといった行動は運動にもなり、健康維持にも役立ちます。また、何もない空間より、ウサギが安心するようです。高さのあるレイアウトは、年齢に合わせて安全を考慮して調整しましょう。

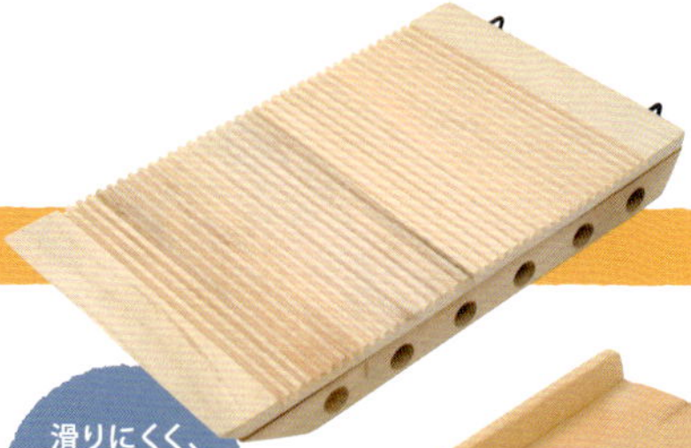

滑りにくく、かじっても安心な木製スロープ。

木製コーナーステップ。ケージに固定して使用。

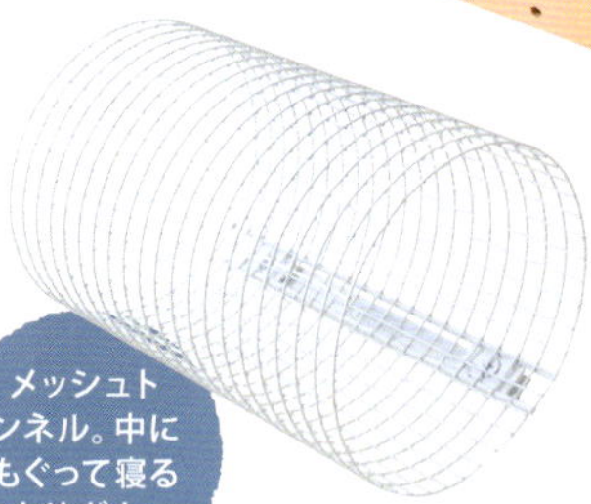

メッシュトンネル。中にもぐって寝るウサギも。

ハウス

予算 ▶▶▶ 1,000～3,000円前後

ハウスにもぐるとウサギが安心できる

かくれたり、寝床にもなるハウスは絶対に必要というわけではありませんが、ウサギにはすっぽりと収まる場所にいると安心する習性があるようです。ハウスを置いても入らないウサギや、トイレ代わりにしてしまうウサギもいます。ハウスを置いたときは、使っているか、汚していないかをチェックし、必要がなければ外してもよいでしょう。木製のほか、牧草を編んだタイプ、布製などもあります。

一面がフルオープンになっていて、2個つなげて使うこともできるタイプ。

すっぽりと体が収まるハウス。床がメッシュ（金網）で衛生的。

かじり木・おもちゃ

予算 ▸▸▸ 1個500円前後

遊びながらかじれるアイテムがおすすめ

ものを噛むのはウサギが本来持っている習性です。ただし、ケージなどの硬すぎるものを噛ませていては、不正咬合など歯の病気が心配。噛んでもいいかじり木やおもちゃを与えましょう。ケージに取り付けられるものや、天井からつり下げるもの、牧草を編んだものなど種類は豊富です。ウサギが喜びそうなものをチョイスして。

中に牧草を入れ、転がして遊んだり、ケージに固定もできるタイプ。

つり下げて使うタイプ。運動にもなり、遊びながらかじれる。

天然木（上）とケージに固定して使うかじり木（下）。

体重計

予算 ▸▸▸ 3,000円前後

写真は2kgまで計れるタイプ。飼う品種の成長時の体重に合わせて選びましょう。

健康管理の必需品

定期的に体重を計ることで、成長具合や異変にいち早く気づくことができます。ウサギの体重計としておすすめなのは、1g単位で計れるキッチン用のデジタルはかりです。かごに入れたウサギをはかりの上にのせて計測するのが一般的なので、写真のように平らなタイプだと便利です。

温湿度計

予算 ▸▸▸ 1,000前後

ケージ周りの温湿度管理に必要

ウサギは温度や湿度の変化にとても敏感な動物。ウサギの健康を保つために、温湿度計をケージのそばにセットし、まめにチェックするとよいでしょう。ケージに取り付けるときは、ウサギがかじらないように気をつけて。

温度と湿度、快適な範囲が一目で確認できるものが便利。

飼い始めてから判断していけばOK

必要に応じて揃えたい用品

生活スタイルに応じて必要なものを選択しましょう

ここで紹介している用品は、飼い始めのときに必ず揃えておく必要はありませんが、あると便利なグッズです。飼っていくうちに必要性を感じたら、買い足していくとよいでしょう。

ケージとつなげて使えるタイプも。予算：8,000円前後。

サークル

ケージから出して遊ばせるときの安全対策に。折り畳めるタイプがおすすめです。高さの目安は60cm以上。

サークルマット

サークルとセットで使用します。床を汚さずに遊ばせられて、ブラッシング時にも使用できます。

防水加工がしてあるとより安心。予算：2,000円前後。

ハーネス・リード

外への散歩を考えているなら必要です。ちょうどよいサイズを選び、成長に合わせて買い替えましょう。

デザインが豊富で、選ぶ楽しみも。予算：2,000～5,000円程度

キャリーケース

外出時に必要です。ウサギを抱いて出しやすい、天井が開くタイプがおすすめ。普段から慣らしておきましょう。

ハードタイプ。底に金網がついていると、排泄物がウサギに触れず衛生的。水飲みや食器が固定できるものも。予算：5,000円～1万円程度。

布製のバッグタイプ。すのこ付きで安定感のあるものも。開口部が広く、ウサギの出し入れがしやすいものが便利。予算：5,000～8,000円程度。

防寒グッズ

寒暖の差が激しい春先や秋、厳寒期は、ウサギが体調を崩しがち。防寒グッズを取り入れて、快適な環境を保ちましょう。

電源のいらないベッドタイプ。予算：2,000円前後。

ケージの外から温める縦型ヒーター。予算：1万円前後。

ケージの中に入れて使うフラットヒーター。予算：5,000円前後。

防暑グッズ

ウサギには暑さも大敵です。暑さが厳しいときは、ケージ周りに暑さをしのげる用品を加えましょう。

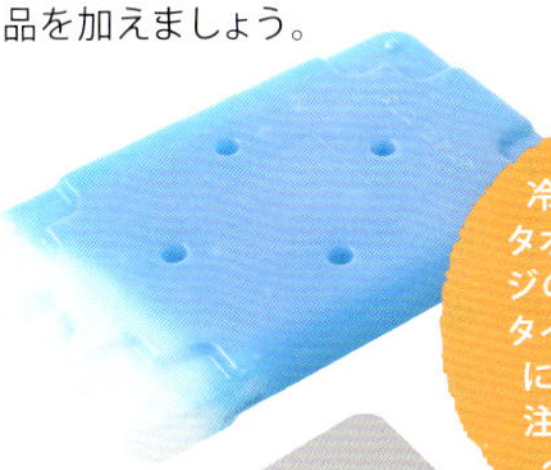

冷凍庫で凍らせ、タオルを巻いてケージの中や上に置くタイプ。直にウサギに触れないように注意。予算：500円～1,500円程度

放熱作用のあるアルミ製のクールボード。ケージのほか、キャリーケースに入れて使ってもOK。予算：3,000円前後

消臭剤

ウサギは本来、清潔な環境であれば、それほどにおいが気にならない動物です。消臭剤を使用するときは、ペット用の動物に害のないものを。部屋全体の消臭ができる空気清浄機を取り入れてもよいでしょう。

消臭と除菌ができ、ウサギがなめても害がないタイプがおすすめ。予算：1,000～1,500円程度（400ml程度）

シリンジ

自力で食事ができないウサギに、薬や流動食、水分を与えるときに使います。

飲ませやすいように、先がカーブしたものがおすすめ。予算：500円前後

ウサギMEMO

自宅のベランダで散歩体験

ベランダやテラスに置いて、ウサギを遊ばせられる芝生も登場。何枚か並べてもOK。散歩デビューの前に、外の雰囲気や草木に慣らしておくのにも役立ちます。

ウサギが食べても安心の天然芝。予算：1枚（1×1m）1万円前後。

※ウサギのお手入れグッズはchapter 6（121ページ～）で紹介しています。

迎える準備

ケージのセッティング

家に迎えたウサギが、快適に、健康的に毎日を過ごせるよう、
ケージ内のレイアウトのポイントを押さえておきましょう。

温湿度計

かじられない場所に設置

ケージに引っ掛けるか、近くに置きます。金具を使って固定するときは、かじったり体に刺さってケガをしないよう配慮を。

スロープ

片側は壁に寄せると安心

ケージに引っ掛けるか、壁ぎわに置きます。金具を使って固定するときは、かじったり体に刺さってケガをしないよう配慮を。

トイレ

食器と離してケージの隅に

２方向が壁に面した隅で排泄をすることが多いようです。食器からできるだけ離れた場所に、しっかり固定しましょう。

食器

トイレと離し、安定させること

トイレの位置を決め、そこから離れた場所に置きましょう。固定式は必ずケージに固定し、ウサギがひっくり返さないようにします。

すのこ

トイレ以外のスペースを埋めるイメージで

すのこはウサギの足裏への負担を軽減するために必要です。トイレ以外の場所を埋めるようなイメージで敷きましょう。

水飲み

飲みやすい高さに設置

ケージに固定するボトルタイプは、ウサギが座って顔を上げたときにちょうどよい高さに。様子を見ながら調整しましょう。

基本を押さえ、個性に合わせて調整を

基本的なレイアウトは以下の通りです。ウサギごとに個性があるため、よく観察してそのコの年齢や性格に合ったレイアウトにしていくことも大切。飼い続けていくうちに、そのウサギのクセや行動パターンがわかってくるので、必要な調整をしていくとよいでしょう。ただし、むやみにレイアウトを変えすぎるとウサギが落ちつけなくなるので、必要なときだけにしましょう。

ハウス

**中心に置くより
コーナーが○**

中に入ってリラックスするためには、ケージの真ん中よりは壁に接したコーナーがよいでしょう。入れなくても構いません。

遊具

**入れすぎてせまく
ならないように注意**

ウサギが遊びやすく、きゅうくつにならないようにセットしましょう。ぶら下げるタイプは周囲に障害物がないところに。

牧草入れ

補充しやすいとより便利

ウサギが座った状態で食べやすい場所に設置。減り具合が確認しやすく、補充がしやすい場所に取り付けるのもポイントです。

ペットシーツ

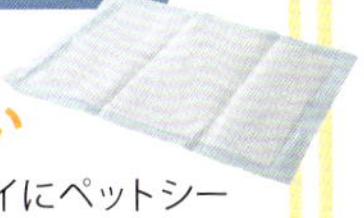

**敷いておくと
掃除がしやすい**

引き出し式のトレイにペットシーツを敷いておくと、排泄物や抜け毛、食べかすなどを一気に片づけられます。毎日取り替えを。

ウサギMEMO

屋外で飼うときは、犬小屋を代用してもOK

雨や雪がたまらないよう、屋根が斜めになっているものがおすすめです。
外敵から守るために、目の細かい金網がついたものを選びましょう。
脚つきのタイプを選ぶか、ブロックなどで底上げをし、湿気対策を。
小屋の床全体に牧草を敷いておきましょう。

ウサギ専用の小屋がないときは通気性のよい犬小屋で代用できます。脚つきの小屋を選び、地面から20〜30cm離して湿気対策を。カラスや猫に襲われないよう目の細かい金網がついたものがよいでしょう。外飼いは温度・湿度管理、衛生状態のキープが難しく、ご近所への配慮も必要になるため、特に初心者の飼い主さんには室内飼いをおすすめします。

迎える準備

ケージを置く場所

ウサギは環境の変化や物音に敏感。ストレスを与えて
弱らせないよう、落ちつける場所にケージを置きましょう。

ケージを置くのに適した部屋

□ 日当たりと風通しがよい

風通しのよい部屋が○。エアコンや加湿器、除湿機などを利用して、室温20～28℃、湿度40～60%をキープして。日当たりがよくても、直射日光が当たる場所にはケージを置かないこと。

□ エアコンの風が直接当たらない

エアコンの風が直接当たると、寒すぎるとき、暑すぎるときに逃げ場がなく、体調を崩してしまう可能性が。

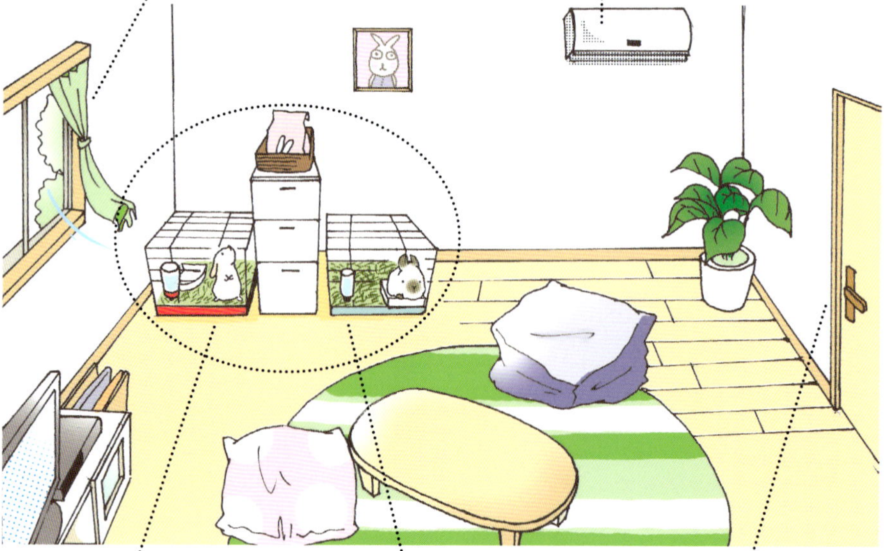

□ 壁に面した隅のほうが安心する

ケージの2面が壁に面しているコーナーが落ちつくようです。人の動きが多い中心は避けましょう。

□ 複数飼う場合はケージを離す

２匹以上飼うときは、縄張り争いでケンカをしないようケージを分けて、それぞれのケージを離しましょう。

□ 出入り口や音の出るものから離れている

ウサギは聴覚が発達しているため、物音に敏感。出入りの激しい入り口付近や、テレビ、電話など音の出るものから離しましょう。

部屋の中にある"キケン"は事前に対処を！

食べたらキケン！

- ゴム、プラスチック製品
- 観葉植物
- 人間の食べ物
- タバコ
- 化粧品、薬品類

など

飲み込むと体内で詰まってしまったり、中毒を起こします。ウサギのいる部屋に置かないようにするか、触れさせないよう管理を徹底しましょう。

かじったらキケン！

家具や柱はかじられないように市販のL字型金属でガード。電気コード類は、かじって感電すると命にかかわることも。カバーをかけて予防を。

落ちたらキケン！

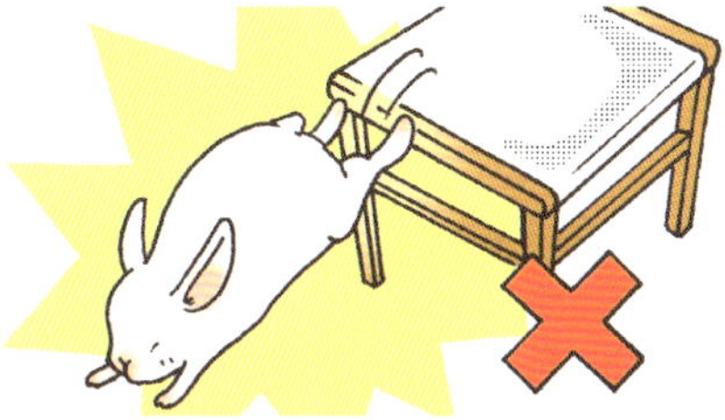

ウサギは上ったり下りたりする動きが好きですが、骨が丈夫ではないため落下すると骨折する危険が。ウサギが上れる高さのものは置かないように注意しましょう。

ひっかけたらキケン！

ループ状のカーペットは爪を引っかけてケガをする危険があります。フローリングも滑りやすく足への負担に。毛足の短いカーペットや凹凸のあるクッションフロアが適しています。

ウサギMEMO

ワンルームの場合はサークルを活用してもOK

ワンルームタイプの部屋で飼うときは、ウサギが遊べる場所をサークルの中に限定しておくのもひとつの方法です。サークルの中にケージを入れ、ウサギが自由に出入りできるようにしておくと、運動不足の心配もなく、危険からも守れます。

掃除のしかた

用品の掃除と管理

ケージの中は排泄物や食べもののかすなどで汚れがちです。
毎日の確認と、定期的な掃除を欠かさないようにしましょう。

清潔にすることはウサギの病気予防にも

ウサギが１日の大半を過ごすケージの中は、常に清潔にしておきましょう。ウサギは嗅覚が優れているため、においに敏感できれい好き。もし、ケージからいやなにおいがしていたら、掃除が行き届いていないのかもしれません。不衛生な環境では、ウサギが病気になる心配も。汚れていないか毎日チェックし、汚れていたらその都度洗ったり交換するよう心がけましょう。

用品掃除の目安早見表

<table>
<tr><th>目安
用品</th><th>毎日</th><th>週に1回</th><th>月に1、2回</th></tr>
<tr><td>食器</td><td>○</td><td>○
（念入りに）</td><td></td></tr>
<tr><td>水飲み</td><td>○</td><td>○
（念入りに）</td><td></td></tr>
<tr><td>トイレ・砂</td><td>○
（砂の交換）</td><td>○
（トイレ）</td><td></td></tr>
<tr><td>ペットシーツ</td><td>○
（交換）</td><td></td><td></td></tr>
<tr><td>すのこ</td><td rowspan="4">※汚れていないか、チェックはできるだけ毎日しましょう。</td><td>○</td><td rowspan="4">○</td></tr>
<tr><td>遊具</td><td>○</td></tr>
<tr><td>ハウス</td><td>○</td></tr>
<tr><td>牧草入れ</td><td>○</td></tr>
<tr><td>ケージ</td><td></td><td></td><td>○</td></tr>
</table>

※早見表は目安です。用品の汚れがひどいときは、その都度きれいにしましょう。

用品ごとの掃除のしかた

食器

目安 ▶▶▶ 毎日（週に1回は念入りに）

ウサギのフードを入れるので、毎日洗うのが基本です。人用の中性洗剤を使ってかまいません。洗剤を水でよく流して落としきり、完全に乾いてからケージに戻しましょう。

2、3個用意しておき、日替わりで使用すると便利です。

水飲み

目安 ▶▶▶ 毎日（週に1回は念入りに）

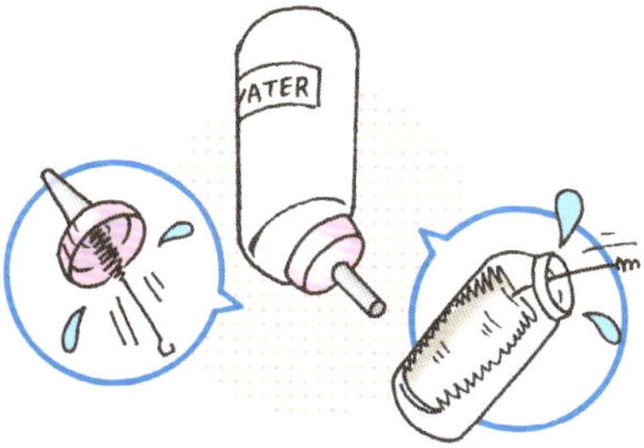

水あかがつきやすいので、毎日の水の交換時に汚れをチェック。ぬめりや汚れを見つけたら、その都度洗うとよいでしょう。飲み口など細かいところやボトルの奥まで洗えるよう、サイズ違いのブラシが数本あると便利です。

トイレ・トイレ砂

目安 ▶▶▶ 砂は毎日交換、トイレは汚れがあればふき取り、週に1回は水洗い

①
古い砂は捨てる
②
汚れはふき取る
③
においのついた砂を少し戻す！

トイレの砂は毎日交換しますが、前日の砂を少し戻し、においが完全に消えないようにしましょう。トイレは砂の交換時に汚れをチェック。汚れがあればふき取り、週に一度はブラシを使って丸洗いをしましょう。

ウサギMEMO

こびりついた尿石には専用剤を使用するのも手

ウサギのオシッコはカルシウムが多く、放置するとトイレにこびりつきやすいのが特徴。ブラシでこすっただけでは取れないときは、「尿石除去剤」が重宝します。汚れに吹き付けて2、3分置いてからふき取ります。

すのこ

目安▶▶▶週に1回（チェックは毎日）

2、3枚用意しておき、週に1回交換するといいでしょう。すのこは洗ったら必ず完全に乾かすこと。木製は洗剤を使わずに水洗いし、天日干しして乾かします。こびりついた汚れを削り取るときは、ペット用のヘラがあると便利です。

月に1、2回の大掃除の手順

1 ウサギを安全な場所へ移動させる

ウサギをケージから出し、キャリーケースやサークルなどを利用し、安全な場所に移動させましょう。ペットシーツなどを敷いて、オシッコ対策をしておくと安心です。

洗うときの注意点

Point!

□ 用品ごとにブラシやスポンジを使い分ける

ウサギが直接口をつける食器や水飲みは、ほかの用品とは別に専用のブラシやスポンジを用意しておくと衛生的です。また、用品の大きさや形状に合わせて、サイズの違うブラシを数種類用意しておくと、掃除がしやすいでしょう。

□ 洗剤を使用したらよくすすぎ、木製には洗剤を使わない

洗剤は人用の中性洗剤や漂白剤を使用してかまいませんが、洗浄成分が残らないように念入りに水をかけてすすぐことが大切です。ただし、木製の用品には洗浄成分が染み込んでしまうので、洗剤の使用は避けたほうがいいでしょう。木製製品は水洗いのあと、天日干しで完全に乾かしましょう。

遊具・ハウス

目安 ▶▶▶ 週に1回（チェックは毎日）

スロープ、ステップ、ハウスなどは毎日チェックし、汚れがあればふき取ります。月に1、2回の大掃除のときに水洗いし、木製は天日干しして完全に乾かしてから戻します。

牧草入れ

目安 ▶▶▶ 週に1回（チェックは毎日）

牧草の補充のときに汚れの有無を確認しましょう。ふき取れる汚れはその都度ふき取ります。大掃除で洗うときは、完全に乾かしましょう。木製は水洗いして天日干しします。

2 ケージの中身を全て出し、ケージを分解

汚れてもよい服に着替えたら、ケージの中の用品を全て出します。ケージは分解できるパーツは極力分解し、小さなほうきなどである程度ごみを取り除きましょう。

▼▼▼

3 ブラシやスポンジで用品を水洗い

全ての用品をブラシやスポンジで洗います。汚れが激しいところは、ブラシで念入りにこすり落としましょう。

▶▶▶

4 水気をふき取り、日光に当てて乾かす

乾いたきれいなタオルで水分をある程度ふき取り、日光に当てて乾かします。水分が残ったままケージに戻すと、カビがはえることがあるので、特に木製はきちんと乾かしましょう。

▼▼▼

5 完全に乾いた用品をケージに戻す

乾ききった用品をケージにセットし、ウサギを戻します。大掃除前と同じ場所に用品を戻し、配置を変えないようにしましょう。大掃除のたびに配置が変わるとウサギが落ちつけません。

Break Time 3

ウサギをかわいく撮るコツ

Part 1 セッティング編

なかなかじっとしていてくれないウサギを上手に写真に収めるのは意外と難しいもの。そんなときは、カメラの機能も上手に活用。連写モードで撮影し、よく撮れたものを保存したり、動いている姿はスポーツモードで撮影するのも手です。

背景はできるだけスッキリさせて

ウサギのバックにごちゃごちゃと物があると、生活感が出てあまりかわいく撮れません。背景はできるだけ片づけたり、壁際や布を利用して。外でも背景がスッキリしているスポットを選びましょう。

小物も上手に活用しましょう

狭いところに入ると落ちつく習性や、おやつなども上手に活用して、ウサギの気を引きましょう。

落ちつかないコは低い台を利用！

グルーミングのとき同様、低めの台などに乗せると一瞬おとなしくなります。その瞬間をうまく利用すれば、撮影もカンタン。

ケージの中ならリラックスした写真が撮れる

ケージの中はウサギがいちばん落ちつける場所。牧草をもぐもぐと食べているところや水を飲んでいるところ、両脚をだらりと伸ばしてくつろぐ姿などを撮影するチャンスです。

Chapter

4

ウサギを迎えたら

生活サイクルを知る

ウサギの活動時間

ウサギがストレスなく、一緒に生活していくために、
ウサギの生活サイクルを知っておきましょう。

ウサギと人の1日

ウサギの1日

朝 そろそろ寝始める

人が目を覚まし、活動を始める午前6時頃、ウサギはようやく眠くなってきます。寝ぼけたような状態でごはんを食べたりする姿も見られます。

昼 睡眠タイム

ウサギがいちばんリラックスして眠るときです。この間に、食べたごはんを消化しています。寝ている間は静かにし、そっとしておいてあげましょう。

人の1日

- 起床
- 朝食
- 仕事・学校へ

- 仕事・学校・家事
- 昼食

夕方から明け方がいちばん活発

ウサギは夕方から明け方にかけて活発に行動する薄明薄暮性の動物。これは、ペットうさぎのルーツといわれている野生のアナウサギが日中を巣穴で過ごし、夜から明け方にかけて外に出てエサを食べる習性を持っていたことからくるものです。ただし、ペットとして飼われていると、人間の生活リズムに合っていくウサギもいます。寝ているときにかまわれるのは本能的に怖いと感じたり、ストレスを感じて病気になることも。飼い主さんに早く慣れさせるためにもウサギが起きている時間にお世話するようにしましょう。

夕方

起きだしてごはんを食べる

夕方以降はたくさんごはんを食べます。ペレットや水が足りているか確認し、補充しましょう。ブラッシングや健康チェックは、この時間帯にすませましょう。

夜

活発に動き回る

ウサギがいちばん元気な時間帯です。ケージから出して遊ばせるなら、この時間帯がいいでしょう。夜間に牧草を食べるので、寝る前に補充しておきましょう。

- 帰宅
- 夕食

ウサギの世話

▶フード、水の補充 ▶トイレ砂の交換
▶健康チェック ▶ブラッシング など

- 入浴
- 自由時間
- 就寝

環境に慣らす

家に慣れるまで

家に来たばかりのウサギは、慣れない環境で不安を感じています。上手に慣らしていきましょう。

新しい環境に上手に慣らす方法

家に来た直後

静かな場所でそっとしておく

初めて見る場所に置かれ、ウサギはデリケートになっています。ペレットと牧草、水をケージに入れたら、そっとしておきましょう。むやみに近づいたり、ケージに手を入れたりすると、ウサギが安心できません。

1～2日目

やさしく声をかけながらフードや水の交換

ケージの外からやさしくウサギの名前を呼んでみましょう。フードや水の交換、補充はウサギが起きている夕方から夜に。ケージの外から、下痢などをしていないか、体におかしなところがないか、チェックしましょう。

あせらずに、ゆっくり関係作りを

慣れない環境を不安に感じ、戸惑うのは人間でも同じです。特に体の小さなウサギにとって、自分より何倍も大きな人間が近づくのは怖いことだと想像できます。初めはウサギの緊張を解き、人間が怖い存在ではないと理解してもらわなければなりません。品種や個体差によって人なつっこいタイプとそうでないタイプがいますが、上手に慣らすことで、その後のしつけやコミュニケーションがやりやすくなるでしょう。すぐに仲良くなりたい気持ちはわかりますが、あせらず、ゆっくりと関係を築いていきましょう。

3～4日目

手渡しでフードをあげてみる

ケージの外からフードを手渡ししてみましょう。食いつきがいいドライフルーツなどがおすすめですが、少量にしておくこと。おでこをやさしく触ってみてもいいでしょう。見下ろされると怖がるので、目線は同じ高さくらいから。

5日目以降

**慣れたようなら
ケージから出してみる**

フードの手渡しや触れられることに慣れたら、ケージから出してみましょう。出すときは、安全な環境を整え（63ページ参照）、抱っこのしかた（76ページ参照）を覚えておくこと。トイレのしつけも始められる時期です。

ウサギのしつけ

触る・なでる・抱く

触られて気持ちがいい場所、触ってほしくない場所を覚えておくと、コミュニケーションがしやすくなります。

触ること、抱くことは大切なしつけです！

ウサギが人に触られること、抱かれることに慣れていると、健康チェックや体のケアがとてもやりやすくなります。万が一の事故やケガのときにも、スムーズに移動させることができるので、日頃からしつけとして慣れさせておきましょう。そのためには、触られて気持ちのいい場所、触られると嫌な場所、ウサギが安心するなで方や抱き方を知っておくことが大切です。

Point!

触るとき、抱くときに気をつけたいこと・コツ

□ **ウサギの気が立っているときは無理強いしない**

ウサギにも機嫌が悪いときがあります。無理に触ろうとすると嫌な記憶として残ってしまうので、日を改めましょう。

□ **触られてもいいところと嫌なところを知っておきましょう**

嫌がる場所を触ったり、正しい触り方をしないとウサギにストレスを与え、体調を悪くさせることもあります。

□ **必ず低い位置でチャレンジを**

慣れないうちは、怖さや驚きで逃げようとすることも。高い位置だと落下して大ケガになる危険があります。

□ **おやつを利用するのも手**

おとなしくしているといいことがあると覚えさせるには、食いつきのいいおやつを使うのも一案ですが、与えすぎには十分注意を。

□ **ウサギが逃げてもしっぽや足をつかまないで**

しっぽや足をつかまれることは、ウサギにとってとても嫌なこと。強くつかむとケガをする危険もあるので、絶対にしないこと。

□ **やさしく声をかけ、安心させましょう**

なでられているとき、抱っこされているときは嫌なことは起こらないと理解させるために、やさしく声をかけましょう。

触る　触られて気持ちがいい場所・よくない場所

おでこ ◎

目の間から耳の付け根、頭頂部までは、たいていのウサギがなでられて気持ちがいい場所。

胸 △

骨が弱く、肺も小さいため、強い力で圧迫されると呼吸が苦しくなります。

おなか △

強く握られると呼吸が苦しくなります。圧迫しないように注意しましょう。

足 △

触られると驚いて蹴ることがあります。骨が弱いため、引っぱっただけで骨折することも。

耳 △

血管が多数あり、とてもデリケートな場所。やさしく触れる程度にし、握ったり強く引っぱったりしないこと。

背中 ◎

ウサギがなでられて気持ちいい場所です。毛の流れにそって、やさしくなでてあげましょう。

しっぽ ×

握られたり引っぱられるのを嫌がります。

なでる　ウサギが喜ぶなで方

おでこから背中にかけては、たいていのウサギがなでられると気持ちがいい場所です。力を入れずに、やさしくなでるのが基本です。耳の付け根やあごの下もマッサージされると気持ちがいいようです。個体差があるので、様子を見ながら試してみましょう。

抱く　基本の抱っこ

1 利き手をおなか、もう一方をお尻に添える

正座をしてウサギと向かい合い、利き手をおなかの下、もう一方の手をお尻に添えます。もしあばれても、足や耳を引っぱらないで。

こんなときに使います！

- ケージから出したいとき
- 移動させたいとき
- 目・耳のチェックとお手入れ
- ブラッシング

反対側から見ると…

これはNG!!

✕ 耳をつかんで持ち上げる

耳はウサギにとって、音を聴き分けたり、体温調節にも関わる大事な器官。くれぐれもつかまないように！

✕ お尻や足が安定しない状態で持ち上げる

この体勢は敵につかまったときの状況と同じなので、ウサギは逃げようとしてあばれます。

○ 背中をつかんで素早く手を添える

おなかの下に手を添えるのが難しいときは、背中の肉をたっぷりつかみ、少し体が浮いた瞬間に手をお尻の下へ。薄くつかむと痛がる場合があるので注意。

2 お尻を支えて引き寄せる

お尻に添えた手にウサギの全体重を乗せるようにして引き寄せます。お尻や足が安定しているとウサギは落ちつきます。

▼
▼
▼

3 体に密着させて、お尻と足を安定させる

ウサギがあばれないように、飼い主さんの体に密着させます。密着させてからもお尻に添えた手はそのままキープし、安定させましょう。

Point!

あばれたときは、視界を遮り体を安定させる

ウサギはあばれたときに背中を反らして、背骨を傷めることがあります。あばれたときは手のひらで目かくしをして視界を遮ると、一時的におとなしくなります。また、足を安定させ、ウサギの体全体を包むようにするのも効果的です。

抱く　あおむけ抱っこ　その1

1 基本の抱っこでももの上に

基本の抱っこでウサギを抱き上げ、頭を人の方に向けて座らせます。

2 背中とお尻を支えてウサギを立たせる

背中に利き手を添え、もう一方の手をお尻の下へ。お尻に添えた手にウサギの体重を乗せて、体に密着させたまま立たせます。

3 上半身を倒してウサギをあおむけに

そのまま上半身をゆっくり倒し、ウサギをあおむけにします。背中に添えた手で、ウサギの体をしっかり支えましょう。

Point!

ウサギは上に逃げるので注意！

ウサギは上に逃げようとします。人の肩まで上って飛び下りるとケガをするので、体をしっかり支えるようにしましょう。ウサギを立たせたら、すぐに上半身を倒すのがポイントです。

こんなときに使います！

- 前足のチェック、爪切り
- 目、歯、鼻のチェック

抱く　あおむけ抱っこ　その2

1 ももの上で基本の抱っこと同じように手を添える

基本の抱っこでももの上に抱き上げ、お尻を人に向けて座らせます。ももの上で、基本の抱っこと同じように手を添えます。

2 お尻と足を安定させ、ゆっくりあおむけに

お尻に添えた手にウサギの体重を預けるようにして、ゆっくりとウサギをあおむけにしましょう。両手だけで持たずに、常に体に密着させるのがコツです。

3 ウサギの頭をやさしく脇にはさむ

ウサギを完全にあおむけにしたら、頭を脇の下で軽くはさみます。こうするとウサギがおとなしくなります。ギュッと締めずに、やさしくはさみましょう。

こんなときに使います！

- 後ろ足のチェック、爪切り
- お尻のチェック
- おなかのチェック

ウサギMEMO

ウサギの体調や気分で反応が変わることも

ウサギの気分や体調によって、抱っこが上手にできる日とそうでない日があるかもしれません。あばれてもあきらめずに、抱っこのしつけをくり返してください。

ウサギのしつけ

トイレを覚えさせる

ウサギが家に来たら、最初に覚えさせたいことです。なかなか覚えないコもいますが、焦らずに取り組みましょう。

ウサギの習性を利用するのがポイントです

ウサギが家に慣れたら、最初に教えたいのがトイレのしつけです。ペットウサギのルーツといわれている野生のアナウサギは、巣穴の中で寝室とトイレをきちんと分けて暮らしていました。この習性を利用して、ウサギにトイレの場所を覚えさせれば、決まった場所で排泄するようになります。

しつけとはいえ、なかなか覚えないコを大声でしかったり、叩いたりするのは逆効果。覚えるまでの時間には個体差があります。それを理解して、ほかのウサギと比べないで、根気よく教えていきましょう。

トイレの置き場所選びのヒント

ケージの隅に置くと安心するコが多い

排泄は落ちつける場所でしたいと思うのは人間と同じ。大半のウサギが、ケージの隅のほうにオシッコをするようです。

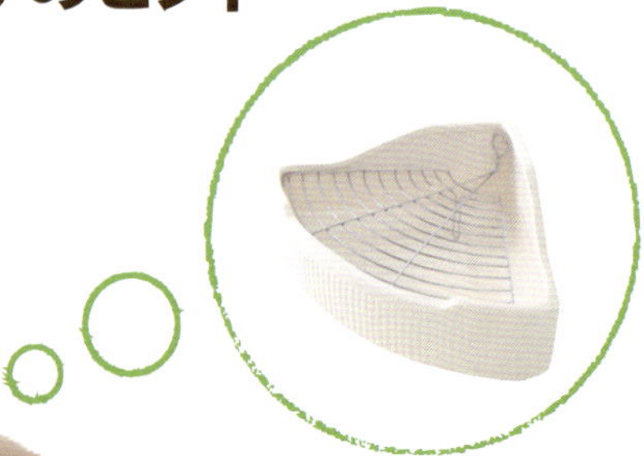

寝場所から離れた場所に置いてみても

野生のウサギが寝室とトイレを分けていた習性を生かすのも手です。なかなか覚えないときは、寝場所との位置関係も見直して。

よく観察して、いつも排泄している場所に置くのも手

ウサギはパターンを作って生活する動物。トイレのしつけを始める前に、自分で決めたトイレの場所があるかもしれません。

上手なトイレのしつけの手順

1 オシッコのにおいのついたものをトイレに入れておく

そのウサギのオシッコのにおいをつけたティッシュやトイレ砂をトイレに入れて、ウサギにトイレの場所を認識させます。ペットショップから連れてくるときに、においのついた砂をもらってくるのもおすすめです。

2 オシッコをしたそうなそぶりを見せたらトイレへ

しっぽを上げたり、ソワソワと落ちつかない様子を見せたら排泄のサイン。はじめのうちは、抱っこしてトイレへ連れていきましょう。

3 トイレで排泄できたら、たくさんほめる

トイレで排泄できたら、大げさなくらいにほめてあげましょう。大声だと驚くので、やさしい声で。偶然できたときでも、ほめることで覚えやすくなります。

失敗…

すぐにふき取り、においを消す

トイレ以外で排泄したときは、すぐに片づけて消臭スプレーなどでにおいを残さないようにしましょう。においが残っていると、またそこでしてしまうことも。ただし、絶対にしからないでください。

うさぎのしつけ

名前を覚えさせる

ウサギが名前を覚えると、コミュニケーションが楽になります。やさしく声をかけて、仲良くなっていきましょう。

"いいこと"とセットで呼ぶのがポイント

個体差はありますが、ウサギは自分の名前を覚えることができます。早く覚えさせるためには、ウサギにとって"いいこと"があったときに名前を呼ぶことがポイント。名前を呼ばれたときに怖いことやびっくりするようなことがあると、名前と嫌なことを関連づけて覚えてしまいます。

ウサギが名前を覚えると、ブラッシングや健康チェック、抱っこなどのときにも便利。覚えるまでに半年～1年かかることもあるので、途中であきらめて呼び方を変えないようにして、ゆっくり覚えさせましょう。

名前を覚えさせるための2つのコツ

気持ちいいところを触りながら、やさしく名前を呼ぶ

ウサギがリラックスしているとき、気持ちいいと感じているときに名前を呼ぶのが効果的。ウサギが触られて気持ちいいと感じる、おでこや背中をなでながら名前を呼んでみましょう。

おやつを利用して名前を呼ばれたときに"いいこと"があるとインプット！

うれしいことがあるときに名前を呼ぶのも効果的。食いつきのいいおやつを、名前を呼びながらウサギに見せましょう。ただし、少量ずつ与え、主食を食べなくならないよう注意しましょう。

なかなか覚えないとしたら、こんなことが原因かも

呼び方が人によって違っていない？

一緒に生活する人たちが、それぞれ好きな呼び方をしていませんか？ 一人暮らしの人は、日によって呼び方を変えていませんか？ 呼び方を統一してみましょう。

ウサウサ!
ウサ子ちゃん!
ウーちゃん!

大声で呼んで、ウサギが怖がっているのでは？

ウサ子っ!!
ビクッ
!

ウサギは聴覚が発達しているため、音にはとても敏感。大声で呼びすぎて、恐怖心を与えているのかもしれません。やさしく名前を呼ぶことを心がけてみましょう。

名前と嫌なことを一緒に覚えてしまったかも

しかるときに名前を大声で呼んだり、ウサギが嫌がる行為をしながら名前を呼んでいませんか？ 心当たりがあったら、名前を呼ばれたときに嫌なことが起こると覚えてしまっているかもしれません。

ウサ子 ダメッ!

しかられたとき名前を呼ばれたら、嫌なことと覚えてしまいます。

ウサ子ちゃん♪

嫌な行為をされているときに名前を呼ばれたら、逆効果。

うさぎのしつけ

困った行動を直す

いいコだったウサギも、3､4カ月になると困った行動が増えることがあります。その行動の意味を知って対応しましょう。

行動の意味を理解して、上手に対処を

ウサギの困った行動は、生後3､4カ月ごろに顕著になります。そのほか、年齢にかかわらず本能から来る行動やわがままになって起こす行動などがあります。どんな場合でも、その行動には必ず意味があるので、それを理解してから対処することが大切です。

また、かわいいとはいえ人と共同生活をするうえでは、主従関係をはっきりさせておくことも大切です。ときには毅然とした態度で、人の立場が上であるとわからせる対応も必要。しつけのルールは「ウサギを叩かない」「大声や大きな音を出して恐怖心を与えない」ことです。困ったときは、専門店のスタッフや獣医師に相談してもよいでしょう。

上手に対処するためのポイント

飼育のしかたを見直しましょう

ウサギがストレスを感じる原因が飼育環境にあるかもしれません。どんなときに困った行動を起こしているかをよく観察して、ストレスの原因を取り除くことも大切です。

専門家にも相談を

飼い主さんの手に負えないときは、知識の豊富な専門店のスタッフや獣医師、経験のある飼い主さんなどにも相談を。解決のヒントをくれるでしょう。

去勢・避妊手術も検討しましょう

困った行動の中には、去勢や避妊手術でおさまるものもあります。繁殖の予定がないなら、こうした手術も検討するとよいでしょう。

困った行動 1

抱っこや触られるのを嫌がるようになった

行動の意味

縄張りを守ろうとして、他者の侵入を拒んでいる

人がケージに手を入れるだけであばれだすことがあります。これは生後3、4カ月のウサギに多く見られる行動で、自分のテリトリーを守ろうとする行為。グルーミングや健康チェックを嫌がるのを放置しておくと、ウサギが病気になっても気づけないかもしれません。上手に対処しましょう。

ウサギMEMO

放置したままだと、わがままになることも！

好きなようにさせていると「あばれれば飼い主のほうが言うことを聞く」と覚えて、わがまま行為がエスカレートすることも。主従関係を守るためにも、ウサギに負担のない方法で対処し、行為をエスカレートさせないことが大切です。

対応策

縄張りの外へ連れていく

縄張り以外の場所へ連れていかれると、ウサギはおとなしくなります。自分の縄張りであるケージが見えないところに移動し、抱っこやグルーミングを行うのが効果的。

グルーミングは低めの台を使うのもおすすめ

グルーミングを嫌がるときは、低めの台に乗せるとおとなしくなることがあります。グルーミング用テーブルも市販されているので、使用してみるのもいいでしょう。

困った行動 2 ケージをゆすったり噛んだりする

行動の意味

ケージから出たいと要求している

ケージから出して遊ぶ時間を決めていないと、起こしやすい行為です。要求されるたびにウサギをケージから出していませんか？ それを続けると、「要求すれば応えてくれる」と覚え、夜中でもこの行動に出ることが。ケージを噛む行為をくり返すと、不正咬合を起こす原因にもなります。

対応策

静かになるまで構わず、遊ぶ範囲を限定する

要求のたびに応えないのがいちばん。遊ぶ時間を決め、遊ぶ範囲をサークルの中だけなどに限定することで改善する場合もあります。ケージの下部を板で囲んで、噛ませないようにするのも有効。

困った行動 3 トイレ以外の場所でオシッコやウンチをする

行動の意味

縄張りを広げようとする本能行動

トイレを覚えたはずなのに、ケージから出すとあちこちにオシッコをする。これは、自分の縄張りを誇示しようとして行う「スプレー行動（自分のにおいをつけるために、広範囲にオシッコを飛ばす行為）」で、生後3、4カ月のオスによく見られます。去勢手術でおさまる場合もあります。

対応策

すぐにふき取って、においを残さない

トイレ以外の場所でオシッコをしたときは、すぐにふき取って消臭を。あちこちにスプレー行動をさせないためには、遊ぶ範囲を仕切るのも一案です。

困った行動

4 人にマウンティングをする

行動の意味

性行動や立場の誇示、退屈しのぎでやる行為

マウンティングは、飼い主さんの足や腕にしがみついて、交尾のときのように腰をふる行為。人に対して行うのは、たいていが退屈しのぎか、自分のほうが立場が上だと主張している場合です。主従関係を勘違いさせると、ウサギがわがままになるので、やめさせましょう。

対応策

相手にしないことでやめるように誘導

マウンティングはメスも行うことがあります。反応するとウサギがおもしろがってエスカレートするので、「ダメ」としかり、やめさせるのがいちばん。退屈させないように、おもちゃを与えるなども検討しましょう。

困った行動

5 急に噛むようになった

行動の意味

縄張りを広げようとして攻撃的になっている

これは生後3、4カ月のメスに多い行為です。この時期のメスのウサギは、妊娠していなくても、子どもを産むために縄張りを守ろうとする意識が特に強くなるため、縄張りに人が入ることを嫌い、攻撃的に。放置してはグルーミングやケアができないので、強い態度でしつけしましょう。

対応策

噛みグセを助長しないよう、しつけを徹底！

噛んだ瞬間に「ダメ」と言い、頭を軽く押さえることをくり返して、いけないことと覚えさせるのが効果的です。絶対にウサギを叩かないで。

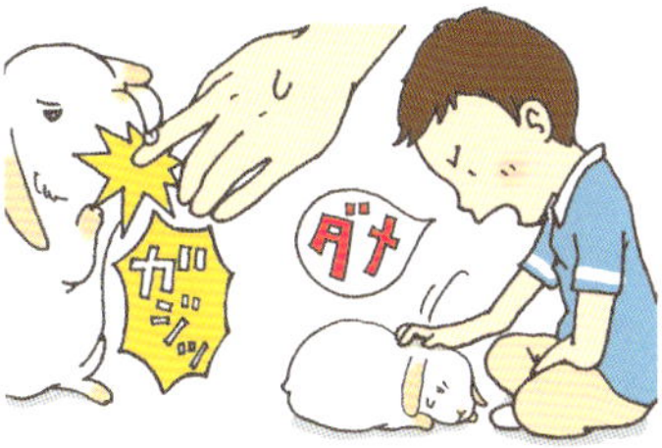

困った行動 6

妊娠していないのに巣作りをする

行動の意味

排卵が誘発されて起こる「偽妊娠」

生殖能力のないオスと交尾したり、オスの近くにいることで排卵が誘発されて、妊娠したウサギと同じような行動をとるのが「偽妊娠」です。自分の体の毛をむしって巣作りをしたり、縄張りを守ろうと攻撃的になったりもします。通常20日前後でおさまります。

ウサギMEMO

くり返すと乳腺炎になることが

偽妊娠は自然におさまりますが、くり返し同じ行動があると、母乳がたまって乳腺が腫れ、乳腺炎になることがあります。気づいたら獣医師に相談を。

対応策

自然におさまるのを待ち、ケージはまめに掃除を

自然に行為がおさまるのを待ちますが、ケージの中にむしった毛がたまります。飲み込んで病気にならないよう、ケージの外で遊ばせている間などに取り除きましょう。

避妊手術を検討する

避妊手術をすれば偽妊娠は起こらなくなります。手術のメリット、デメリット（156ページ参照）をよく考えて、手術を検討するのもよいでしょう。

ウサギの言葉

しぐさの意味を知る

めったに声を出さず、おとなしい印象のあるウサギですが、
実は行動でいろいろな感情を表現しているのです。

気持ちがわかればお世話がしやすい

ウサギは犬や猫に比べると、感情がわかりづらいと感じるかもしれません。しかし、毎日接していくうちにウサギの行動から感情が伝わってくるはず。ウサギのしぐさの意味を勘違いして、間違ったお世話をしないためにも、ウサギの言葉（ボディランゲージ）を知っておきましょう。

楽しい・ごきげん

プウプウと鼻を鳴らす

機嫌がいいとき、うれしくて興奮しているときに、小さくプウプウと鼻を鳴らすことがあります。

垂直にジャンプ

楽しくて興奮しているとき、その場でジャンプをする姿が見られます。特に、ケージから出て遊んでいるときが多いようです。

いきなりダッシュ

遊んでいるときに、楽しくて突然ダッシュすることも。ダッシュの直後にピタッと止まることで、逃げているわけではないとわかります。

しっぽを振る

ウサギのしっぽは短くてわかりづらいかもしれませんが、機嫌がいいとしっぽを振っています。

おねだり

手や指をなめる

飼い主さんの指や手をなめるのは、何かしてほしいときや甘えたいときのサインです。

足元をぐるぐる回る

退屈していて遊んでほしいとき、飼い主さんの足の周りをぐるぐると回ってアピールすることがあります。

鼻先でつつく

これもおねだりのサイン。遊んでほしいときや何かほしいときの意思表示です。

不満がある

物をひっくり返す

ごはんがほしい、かまってほしいといったウサギの要求です。反応するとくり返してしまうので、無視しましょう。

ケージをかじる

退屈なときに多く見られます。あまりくり返すと歯が曲がってしまうので、見つけたらケージを噛めないように対策を。

鼻をブーブー鳴らす

不満があるときや怒っているときのメッセージです。楽しいときよりも低く大きいことで聞き分けられます。

リラックスしている

足を伸ばして横になる

後ろ足を伸ばしきって横になっているのは、安心している状態。構わないであげましょう。

奥歯を鳴らす

奥歯をこすり合わせてゴリゴリと音を鳴らすのは、気持ちがいいときのサイン。なでられると鳴らすこともあります。

あくびをする

あくびや伸びは、人間と同じようにリラックスして眠いときの行為です。

飼い主の前でおなかをみせる

あおむけになって寝そべるのは、飼い主に心を許し、リラックスしているサインといえます。

急にバタンと横になる

座っていたウサギが突然脱力してバタンと横になることがあります。とてもリラックスしている状態です。

※ ウサギが横になっているときは、場合によっては具合が悪い可能性もあります。横になっているときに呼吸が荒くないか、おかしな様子はないか確認を。

ウサギMEMO

毛づくろいしているときはリラックスしているの？

毛づくろいは、リラックスしているという説もありますが、落ちつかない環境下で緊張を解くためにする行為という説もあります。長く接していれば、飼い主さんには判断できるようになるかもしれません。

警戒している

耳をぴんと立てる

周囲の様子に警戒し、すぐに動けるように、集中して音を聞き取ろうとしています。

耳を寝かせて低い姿勢をとる

怖いと感じているときのしぐさです。自分を小さく見せることで、敵に補食されるのを逃れようとする野生の本能の表れです。

後ろ足で立つ

より広範囲の音を聞き取り、周囲の状況を把握するために行う行為です。見た目にはかわいい姿ですが、警戒しているので気をつけて。

しっぽを立てる

危ないと感じているときの行為です。仲間に危険を知らせるときや、威嚇の意味で行います。

後ろ足を鳴らす

仲間に危険を知らせるために後ろ足で地面を叩く行為は「スタンピング」といいます。ペットウサギは不満があるときや威嚇するときにも行うことがあるようです。

※ ウサギが警戒しているときは、手を出すと噛まれることも。ウサギには触れずに、やさしく声をかける程度にしましょう。

痛い・具合が悪い

強く歯ぎしりする

苦しいとき、痛いときなどのSOSです。この音を出したときは、状況は相当差し迫っていると考えられます。また、歯の伸びすぎによる場合も。

キーキーと鳴く

命の危険が迫るような、緊急事態です。「この声がそうかも」と思うような声が聞こえたら、獣医師に相談しましょう。

本能的な行動

あごをこすりつける

あごの下にある臭腺からにおいを出し、縄張りを主張する行為で、ほかのウサギや人、物にすることがあります。自分が上位だと主張する意味も。

物をかじる

物をかじるのはうさぎの習性。かじってもいい木や牧草でできたおもちゃを与えましょう。ケージなどの硬いものを噛み続けると不正咬合になるので、見つけたらやめさせて。

穴掘り

地面に穴を掘って巣穴を作っていた野生の行動の名残り。カーペットの上でも穴を掘るしぐさをすることがありますが、爪を引っかけてケガをしないように注意を。

ウサギと遊ぶ

ケージの外で遊ばせる

ケージの外に出て遊ぶことは、ウサギの運動不足とストレス解消、飼い主さんとの関係を深めるのに最適です。

室内で遊ばせる

安全を確認してから遊ばせましょう

ケージの中だけで過ごしていては、ウサギが運動不足になります。1日1回はケージから出して遊ばせましょう。ウサギにとって危険な物を片づけ、安全を確保することを忘れずに（63ページ参照）。ケージから出す時間を決めておくと、ウサギが出してほしくてあばれるような行動が少なくなります。ウサギの習性や本能行動を利用した遊びを用意すると喜ぶでしょう。

室内遊びのメリット

運動不足を解消して、肥満を予防できる

ウサギが喜ぶおやつなども増え、現代のウサギは太りやすい傾向に。ケージから出して遊ばせる時間を設けると、遊びながら運動ができ、肥満を予防できます。

ストレスを解消して問題行動を減らせる

外に出たいイライラからあばれたり、ケージをかじるなどの困った行動をさせないためにも、1日1回の遊びの時間は有効です。

飼い主さんとのコミュニケーションがとれる

ウサギが機嫌よく遊んでいるときに名前を呼ぶなど、もっと仲良くなるのにもよい時間です。ただし、遊んでいるときに触られるのを嫌がるコもいるので、性格に合わせて対応を。

ウサギはこんな遊びが好き!

習性や本能を刺激する遊び

もぐる

トンネルやかまくら状のハウスにもぐるのが好き。スロープや階段を利用して、上下の運動ができるように工夫するのもおすすめです。

転がす・かじる

牧草を入れて転がせる遊具や牧草を編んだボール、上から吊せる遊具などでよく遊びます。木製のおもちゃはかじっても安心。

掘る

穴掘りはウサギの習性からくる行動。段ボールのなかにウッドチップを入れた市販の穴掘りグッズもあります。

遊ばせるときの3つのルール

Point!

❶ 危険なものは片づけて!

「かじる」、「飲み込む」、「落ちる」危険のあるものは、ウサギをケージから出す前に片づけておきましょう。

❷ 1日1回、なるべく同じ時間に

ウサギは生活パターンが決まっているのを好みます。遊ぶ時間が決まっていると、四六時中「出して」と要求する行動も抑えられます。

❸ 遊ばせるのは2時間以内に

個体差や年齢差がありますが、１回の遊び時間は30分～２時間を目安にしましょう。

外へ散歩に連れていく

マナーを守って安全に遊ばせましょう

外へ散歩に連れていくことは、絶対に必要なわけではありません。ケージから出して室内で遊ばせていれば、運動不足の解消には十分。また、外へ連れ出すのには、様々な心配事も伴います。そうしたことも理解したうえで、散歩に行くかどうかを判断しましょう。

生後半年に満たない子ウサギや、病中病後の体力が低下したウサギ、高齢ウサギの散歩は避けましょう。健康で、抱っこのしつけができているとより安心です。

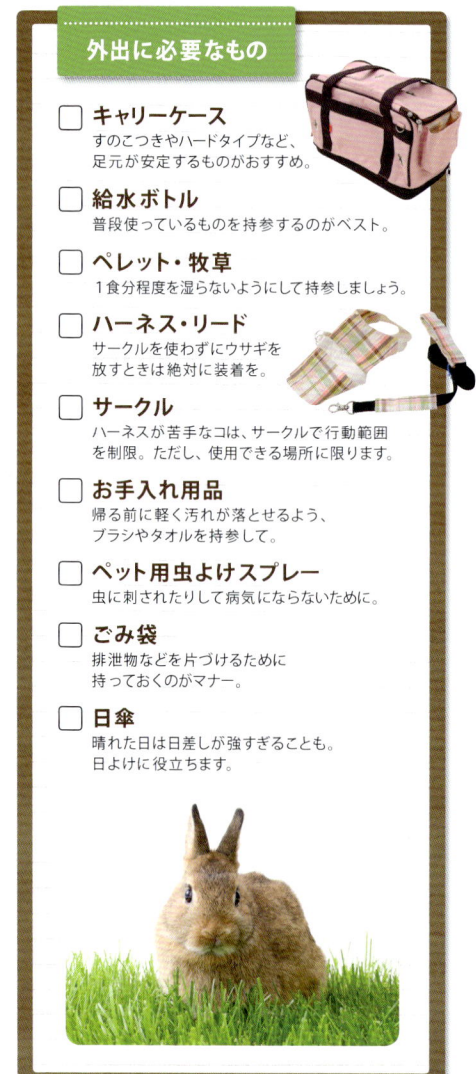

外出に必要なもの

- □ **キャリーケース**
  すのこつきやハードタイプなど、足元が安定するものがおすすめ。
- □ **給水ボトル**
  普段使っているものを持参するのがベスト。
- □ **ペレット・牧草**
  1食分程度を湿らないようにして持参しましょう。
- □ **ハーネス・リード**
  サークルを使わずにウサギを放すときは絶対に装着を。

- □ **サークル**
  ハーネスが苦手なコは、サークルで行動範囲を制限。ただし、使用できる場所に限ります。
- □ **お手入れ用品**
  帰る前に軽く汚れが落とせるよう、ブラシやタオルを持参して。
- □ **ペット用虫よけスプレー**
  虫に刺されたりして病気にならないために。
- □ **ごみ袋**
  排泄物などを片づけるために持っておくのがマナー。
- □ **日傘**
  晴れた日は日差しが強すぎることも。日よけに役立ちます。

ウサギMEMO

考えられる危険に十分に注意！

外敵に襲われる危険
犬や猫が突然飛びかかったり、カラスなどの鳥がウサギを襲うことがあります。

寄生虫を持ち帰る危険
ノミやダニが寄生する心配があります。

有害物を口にする危険
落ちているタバコの吸い殻、食べては危険な植物など、ウサギが口にすると中毒を起こすものも多くあります。

紫外線で目を傷める危険
強い紫外線は夜行性のウサギの目には刺激が強すぎるともいわれています。

暑さ・寒さによる体調不良を招く危険
暑いのも寒いのも苦手なウサギにとって、温度調節の難しい屋外での遊びは体調不良の原因になる可能性があります。

散歩の手順

散歩してもよい条件

- 生後半年を過ぎている
- 抱っこのしつけができている
- 病中病後、高齢ではない

1 その日の天候・気温をチェック

出かける前に天候と予想気温を確認します。極端に暑い日、寒い日、雨が降る確率の高い日は、ウサギの負担が大きいので避けましょう。

2 出かける準備を整える

ウサギが快適に散歩を楽しめて、周囲の人に迷惑をかけないためにも、必要なものをしっかり準備しましょう。給水ボトルやフードは忘れずに。

3 ハーネスをつけておく

リードは現地でキャリーバッグから出す直前につければOKですが、ハーネスは前もってつけておきましょう。現地でウサギが逃げると危ないからです。

4 目的地まではキャリーケースに入れて移動

家から目的地までは必ずキャリーケースにウサギを入れて移動しましょう。移動時間が長いときはときどき様子を見て、必要なら水分補給を。

5 遊ばせる・水分やフードを補給する

リードをつけるかサークルで仕切ってウサギを遊ばせます。リードを離さないように注意しましょう。体力を消耗するので、休憩を入れながら、水分とフードを補給して。

6 汚れを軽く落としてから帰宅

軽くブラッシングし、足をふいてからキャリーバッグへ。抜けた毛やごみは放置しないでごみ袋に入れ、持ち帰るのがマナーです。

不在・外出への備え

留守番と外出

ウサギだけで留守番させるとき、人に預けるとき、一緒に外出するときに注意したいことを覚えておきましょう。

自宅で留守番させる

1泊くらいなら、1匹で留守番させることも可能

ウサギだけで留守番させられるのは、基本的には1泊2日。自宅での留守番は、環境が変わらないのでウサギにとっては安心ですが、留守中も温度・湿度管理ができるのが必須条件です。ペレット、牧草、水を1日分多めに入れて出かけましょう。

2泊以上家をあけるときは、世話ができる人に来てもらうか、ペットホテルや友人に預かってもらうほうが安心です。お世話の内容や時間帯などを変えないようにすると、ウサギのストレスを軽減できます。細かくお世話のしかたを説明しておきましょう。

留守番させられる条件

不在時も部屋の温度・湿度管理ができる

暑すぎる部屋、寒すぎる部屋、湿度の高い部屋に長時間置かれるのは、ウサギにとって命取り。留守中でもエアコンや除湿器を利用して、一定の室温が保てるのが条件です。

病中・病後などで体力が落ちていない

病気のときや病後は、ウサギの体力が落ちているとき。こうしたときは、様子をまめに見られるよう、預けるか、お世話できる人に来てもらいましょう。

小さすぎない、高齢すぎない

若くて健康な大人のウサギに比べて、子ウサギや高齢ウサギは突然具合を悪くしたりする危険が。留守番させられるのは、生後半年〜5歳くらいまでが目安です。

1匹だけで留守番させるとき

エサと水を多めに置いて温度と湿度管理を万全に

家での留守番は、環境が変わらないのでウサギは安心。ペレットは1日分多く入れ、牧草はいつでも食べられるようにたっぷりと入れます。水はボトルにたっぷりと補充し、心配なら2本つけてもいいでしょう。

ケージを置いている部屋は、温度20～28℃、湿度40～60％の範囲内になるよう、エアコンはつけっぱなしに。湿度の高い時期は、除湿器なども利用しましょう。停電などの緊急時にすぐに来られる人に、事前にお願いしておくとさらに安心です。

友人やペットシッターに来てもらうとき

普段と変わらないお世話をしてもらうようにしましょう

友人に頼む場合は、できれば普段からウサギと接してもらい、お互いに慣れておくとよいでしょう。ペットシッターを頼む場合の料金は、1時間3,000円前後が目安のようです。いずれの場合も、エサの時間や量、遊ばせる時間や長さ、掃除のしかたなどを細かく説明し、いつもと変わらないお世話を。ウサギの性格も説明し、してほしくないことは伝えておきましょう。また、必ず連絡がとれる電話番号を伝えておきましょう。

ほかの場所へ預ける

普段食べているフードと用品を持参

1泊以上家をあけなければならないときは、ほかの場所に預ける方法もあります。ペットホテルやお預かりサービスをしている動物病院、友人の家などにお願いする方法があります。

人に預けた場合、様子をまめに見てもらえるので、急な変化に対応できて安心な反面、突然生活環境が変わることでウサギが落ちつかなくなることも。いつも食べているフード、普段使っている用品を持参し、ウサギができるだけ落ちつけるように配慮しましょう。いきなり長期間預けるより、1泊2日くらいから慣らしていくのがおすすめです。

● 預けると安心な点
世話をしてくれる人がいるので、異変などに気づきやすく、早く対応ができる。

● 預けると心配な点
生活環境が変わるので、ウサギがストレスを感じ、体調を崩すことがある。

預けるときの注意点

フードはいつもと同じものを

主食となるペレットと牧草は、いつも食べているブランドを持参するか指示しておきましょう。野菜や果物などは、普段あげている種類、量を指示し、あげてほしくないものがあればリクエストを。

普段使っている用品を持参する

自分のにおいがついた用品があると、環境が変わってもウサギが安心できます。トイレや食器、遊具などはいつも使っているものを持参しましょう。

普段のお世話の内容を細かく伝える

ウサギは生活リズムが一定なのを好むので、ごはんや遊ばせる時間、内容などは普段どおりにしてもらい、少しでも安心できるようにしましょう。

ペットホテルに預ける

普段使いの用品を持参し、生活リズムを伝えましょう

ペットホテル（またはホテルサービスを行っている動物病院）に預けるときは、事前にウサギを預かってくれるか確認しておきましょう。可能なら事前にホテルの環境をチェックして、納得してから預けるのがおすすめです。

普段使っている用品、フードを必ず持参し、スタッフに生活リズム（エサの時間、量、掃除の時間帯など）を伝えます。ウサギの性格も説明し、苦手なこと、喜ぶことも伝えておくと、スタッフがお世話しやすいでしょう。

料金の目安

- 1泊2日　2,000～4,000円

注意点

- チェックイン、チェックアウト時間外に利用すると、別料金が加算される場合もあります。
- 年末年始やゴールデンウィーク、お盆などは、特別料金を設定しているところが多いようです。

友人の家に預ける

ウサギを飼っていたらケージを離してもらいましょう

ウサギを飼っている人なら、お世話のしかたも熟知しているので安心して預けられるでしょう。ただし、ウサギは縄張り意識が強いので、その家のウサギとケンカしたり、警戒してしまうこともあります。ケージは並べないで、ウサギ同士が視野に入らないところに置くようにお願いしておきましょう。

知人に預ける場合でも、いつも使っている用品やフードを必ず持参しましょう。可能なかぎり、お世話する時間帯も普段どおりにしてもらうと、ウサギがより安心できます。

一緒に外出する

短時間から慣らすのがおすすめ

ウサギにとって外出は、縄張りの外に連れていかれることなので、とても不安で落ちつかないものです。いきなり長時間の移動は負担になるので、ほんの数十分程度キャリーケースに入れて外出するところから、少しずつ慣らしたほうがよいでしょう。

留守番のときと同様、子ウサギや、病中病後のウサギ、高齢ウサギはできるだけ外出は避けて。移動中は暑さ、寒さ対策を万全にし、マナーを守って行動しましょう。

外出するときに注意すること

必ずキャリーケースに入れて移動

移動にはキャリーケースを利用しましょう。足元が安定しているほうがウサギが落ちつけるので、すのこつきのキャリーバッグやハードタイプのキャリーケースがおすすめです。夏は通気性がいいもの、冬は保温性が高いものと、季節に応じて使い分けるのも大事です。

いきなりの長時間移動はできるだけ避けて

外出には徐々に慣らしていきましょう。少しずつ移動時間を長くして慣らすことで、ウサギへの負担が減らせます。車で長時間移動するときは、キャリーケースに入れて座席に起き、安定させます。日光、エアコンの風が直接当たらないようにし、ときどき様子を見ながら移動を。

ウサギMEMO

日ごろからキャリーケースに慣らしておくと安心

外に出る前に、家の中でキャリーケースに入れる練習をして、ここも縄張りだとわからせるとよいでしょう。

まめに様子を見て、水分補給を忘れずに

移動中は、こぼれた水でウサギの毛が濡れるのを防ぐために、給水ボトルは外すのが基本。ただし、ウサギはよく水を飲むので、こまめに様子を見て、水分補給をしながら移動しましょう。休憩のときに、ペレットや牧草も与えます。

利用する交通機関のルールを守る

電車や飛行機では、手荷物としてキャリーケースを持ち込めることが多いようです。その機関ごとに定められた運賃が必要な場合があるので、ルールに従って料金を支払いましょう。また、飛行機では貨物室に預けることが多いようです。

必要な運賃と注意点（国内）

電車：数百円程度

鉄道会社ごとに定められています。持ち込み自体が可能かどうかも、事前にチェックしておきましょう。

飛行機：数千円程度

ケージのサイズにより、料金や対応が変わる場合があります。

夏場・冬場は温度管理をしっかりと

暑さ、寒さに弱いので、極寒、猛暑の日は外出を避けたほうが安心です。出かけざるを得ない場合は、1日のうちでも涼しい（または暖かい）時間帯を選んだり、移動時間の短いルートを選択するなどの工夫を。移動中は、キャリーケースの中を適温に保つ工夫が必要です。

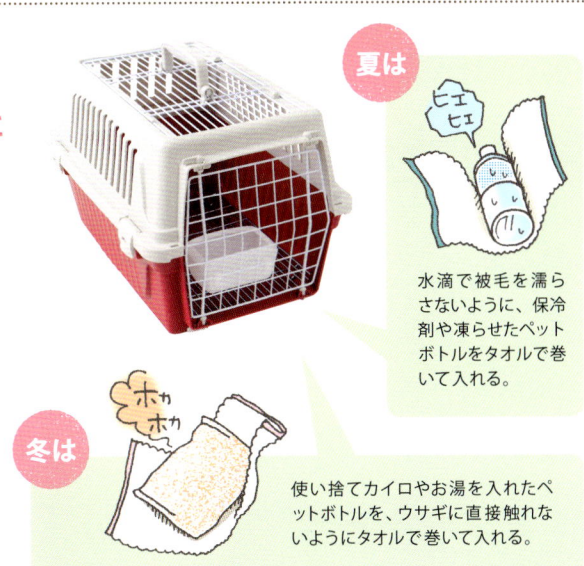

夏は

水滴で被毛を濡らさないように、保冷剤や凍らせたペットボトルをタオルで巻いて入れる。

冬は

使い捨てカイロやお湯を入れたペットボトルを、ウサギに直接触れないようにタオルで巻いて入れる。

Break Time 4

ウサギをかわいく撮るコツ

Part 2 アングル編

なんとなく、いつも同じような写真ばかり撮れてしまうとお悩みなら、アングルや距離感を変えて撮影してみましょう。これまで見たことのないような意外な表情や、オモシロ写真が撮れるかもしれません。

いろいろな角度から撮ってみましょう

角度を変えて撮影するだけで、同じウサギとは思えないほど意外な表情や、その子ならではの特徴を発見できることも。いろいろな角度から撮影してみましょう。

●正面から

●横から

●上から

●遠くから

距離感を変えて撮影してみましょう

ウサギに近づいたり離れたりして、ウサギとの距離に変化をつけてみましょう。近いからこそのふんわりした被毛の質感、遠いからこその丸っこい全身の雰囲気などが表現できます。

●近くから

Chapter

5

ウサギのごはん

ウサギの食事

理想的なごはん

ウサギの健康を維持するために欠かせないのが食事です。
ごはんをあげるときの注意点を確認しておきましょう。

たっぷりの牧草と栄養バランスのよいペレットを中心に

ウサギは、本来草や木の葉を食べて生きている草食動物です。ただ、家庭では牧草だけで必要な栄養を取るのは難しいので、栄養を補うためにペレット（固形飼料）を加えます。つまり、基本のごはんは牧草とペレットだけでOK。

野菜や果物も大好きですが、あげすぎると主食の牧草とペレットを食べなくなり、体調に影響を与えます。野菜は量を守り、果物やおやつ類はしつけのごほうびなどとして、ごく少量を与えるようにしましょう。

ウサギのごはんの内容と量の目安

基本のごはん（主食）

・牧草 108ページ

量の目安 ▶▶▶
食べたいだけ与えてOK

主にイネ科とマメ科の２種類。栄養価や特徴に違いがあるので、成長に合わせて選びましょう。

・ペレット 110ページ

量の目安 ▶▶▶
体重の1.5～3％
（大人のウサギの場合）

様々な種類があるので、成長に応じた栄養バランスのものを選びましょう。

＋

主食に加えてもOK（副食）

・野菜 ・野草 112ページ

量の目安 ▶▶▶ 野菜＋野草でペレット量の1割まで

緑黄色野菜や繊維質の多いものを選びましょう。

ごく少量ならOK（おやつ）

・果物 ・ドライ食品（果物・野菜・木の葉など） 114ページ

量の目安 ▶▶▶ ごく少量

糖分が多く、与えすぎは肥満や栄養が偏るもと。しつけのごほうびなどとして、ごく少量を与えましょう。

必要があれば加える（その他）

・サプリメント 115ページ

与える目安 ▶▶▶ 必要があるときだけ

栄養補給や整腸作用のあるものなどがあります。必要なときだけ、専門家の指示のもとで取り入れましょう。

年代別の食事のポイント

離乳後〜6カ月

栄養価の高いマメ科の牧草を

体がどんどん成長していく成長期。大人の倍近いカロリーが必要なので、高たんぱく、高カルシウムのマメ科の牧草（アルファルファなど）を、イネ科の牧草に混ぜて与えるのがおすすめです。ペレットは成長期用の栄養価の高いものを。野菜は、慣れさせる程度に。

6カ月〜1歳

成長期より少しカロリーを抑える

体が出来上がる時期なので、カロリーの高いマメ科の牧草を減らし、イネ科の牧草中心に変えていきます。ペレットは成長期同様、栄養価の高いものを選び、分量を守って与えます。野菜はビタミンが多いものを中心に与えましょう。おやつは慣れさせる程度にごく少量を。

1〜5歳

太りやすいので肥満対策を

これまで通りの食事内容だと、太るウサギも出てきます。牧草は低カロリーで繊維質の多いイネ科のチモシーを中心にたっぷりと。ペレットは低カロリーのタイプに少しずつ変えていきます。野菜、おやつは、糖質が高いものを避け、ごく少量を。

5歳以上

病気の予防も考えながら

病気への備えも必要になります。高齢ウサギはカルシウムの少ない牧草やペレットを選びましょう。噛む力が弱くなってくるので、これまでより茎が細くてやわらかい二番刈りのチモシーがおすすめです。野菜、おやつはカロリーをとりすぎないよう、ごく少量を。

主食 牧草

好きなだけ食べられるようにたっぷりと与えてOK

ウサギの主食は牧草です。牧草には繊維質が多く、腸の蠕《ぜん》動運動を促進し、消化活動を助ける重要な役割があります。しかし、ペレットに比べて食いつきがよくないので、たくさん食べさせるためには工夫も必要。牧草以外のものでおなかがいっぱいにならないように、バランスを考えて与えましょう。

牧草には栄養価や噛みごたえの違いなどによって、いくつかの種類があります。ウサギの成長に合わせて、適したものを選ぶのも大切です。迷ったときは、お店のスタッフや獣医師などに相談してもいいでしょう。

主な牧草の種類と特徴

イネ科 チモシーなど

チモシー一番刈り。アルファルファに比べて低カロリー。一番刈りは茎が太く長く、繊維質が豊富。1～5歳のメインの牧草として最適。粗繊維30～35%、カルシウム0.45～0.55%。

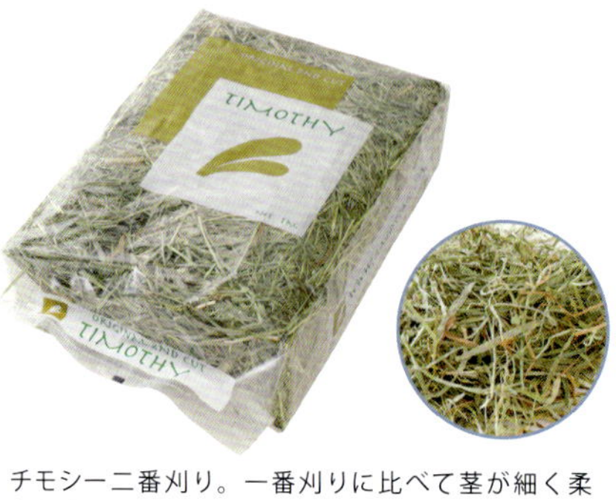

チモシー二番刈り。一番刈りに比べて茎が細く柔らかめで、カロリーも低め。高齢ウサギにおすすめ。粗繊維25～28%、カルシウム0.57～0.62%。

マメ科 アルファルファなど

イネ科の牧草に比べて高たんぱく、高カルシウムなのが特徴。栄養価が高く、ウサギの食いつきがいいので、成長期の子ウサギにおすすめ。粗繊維29.8%以下、カルシウム1.3%前後。

ウサギMEMO

カットタイプや生タイプもある

牧草には半生タイプや生タイプ、小さくカットしたタイプなども市販されています。生タイプは香りが強いため、乾燥タイプより食いつきがいい場合があるので、牧草の味に慣らすために利用するといいでしょう。

Point!

牧草を上手に食べさせるためのコツ

1 いつでも新鮮なものを。湿ったら天日干しで水分を飛ばす

牧草が湿っていると、ウサギの食いつきが悪くなります。古いものを放置しないで常に新鮮なものを与えるとよいでしょう。湿ったときは、天日干しをしたり、レンジで水分を飛ばすと香りが戻ります。

2 ペレットを適量以上あげないようにしましょう

牧草をあまり食べないときは、ペレットの分量も見直してみましょう。ほしがるままにペレットや副菜をあげすぎていませんか？　ペレットは１日の適量を守りましょう。

3 おもちゃを利用して、遊びながら食べさせるのも手

牧草を中に入れて転がせるおもちゃや、牧草を編んだボールなどを取り入れて、遊ばせながら食べさせるのも有効。普段と違う形になっているだけで、好奇心が刺激されます。

4 キューブタイプで食いつきがよくなることも

牧草を固めたキューブタイプは、ウサギの噛みたい欲求を満たすのに効果的。おやつ感覚で食べることができるので、普通の牧草に食いつきの悪いウサギにはおすすめです。移動時のキャリーケースに入れるのにも便利です。

チモシーやアルファルファを固めたものが市販されています。

主食 ペレット

生後半年以上の大人のウサギは、体重の1.5～3%を目安に

　ペレットは、粉にした牧草とその他の食材や栄養素をミックスし、食べやすく固めたもの。牧草だけでは得られない栄養素を取り込むのに欠かせない、もうひとつの主食です。ウサギの食いつきがよいのですが、牧草に比べるとカロリーが高いため、適量を守らないとウサギが太ってしまいます。また、繊維質が牧草より少ないので、牧草とペレットをバランスよく食べさせるのが理想です。

ペレット選びのポイント

繊維質が多く、バランスのよいものを選ぶ

健康な大人のウサギ（6カ月～5歳くらい）の場合の目安。

粗繊維▶18%前後
たんぱく質▶15%前後
脂肪▶3%前後
カルシウム▶0.6%前後

原料の牧草の違いで選ぶ

チモシー（イネ科）は低カロリーで、アルファルファ（マメ科）は高カロリー。成長に合わせて必要なほうをセレクト。

噛みごたえの違いで選ぶ

ペレットには固さによる違いも。ハードタイプは歯の健康を保つためにもおすすめ。ソフトタイプは食欲が落ちているときや高齢ウサギに。

プラスαの効果で選ぶ

飲み込んだ毛を排出しやすい長毛種用、ウンチのにおいを抑える消臭タイプ、ダイエット用なども。個体に合わせて選びましょう。

ここもチェック！

- □ 製造年月日、消費期限が明記されている
- □ 原材料が明記されている
- □ 「総合栄養食」と明記されている
- □ 着色料・保存料が使用されていない

1日のペレットの量の目安（大人のウサギ）

体重1kgのウサギの場合

× 1.5～3% ＝

左記の量を1日2回に分けて与えるのが理想です。野菜は1日に与えるペレットの量の1割までを目安に。牧草は食べたいだけ食べさせてOKです。

Point!

上手なペレットの与え方

1 1日2回、朝は少なめ、夜は多めに与えるのが○

ペレットや野菜は朝と夕方から夜の2回に分けて与えましょう。夜のほうが活発になるので、朝は1/3、夜は2/3くらいの割合で、夜を多めにするとよいでしょう。

2 成長や体質に合わせて、必要なものに変える

成長期とシニアになってからでは、必要な栄養素やその量が違ってきます。成長に合ったペレットに、上手に移行していきましょう。

成長に応じて

写真は2歳前後の大人用(左)と4歳以上の高齢用(右)。年齢ごとに必要な栄養、噛みやすさなどを基準に、適したものを選びましょう。

毛質に応じて

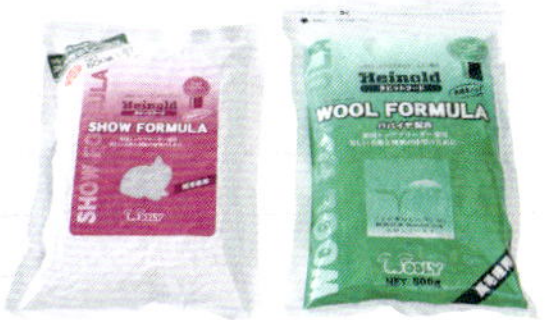

写真は繊維質の多い短毛種用(左)と飲み込んだ毛を排出しやすい効果のある長毛種用(右)。

3 ペレットを変えるときは、少しずつ新しいものに

いきなりペレットを変えると、ウサギが味の変化に戸惑って、まったく食べなくなることが。また、同じブランドでも、新しい袋をあけたときに食べなくなることもあります。前のペレットを少し減らした分だけ新しいペレットを足すようにし、時間をかけて変えていきましょう。

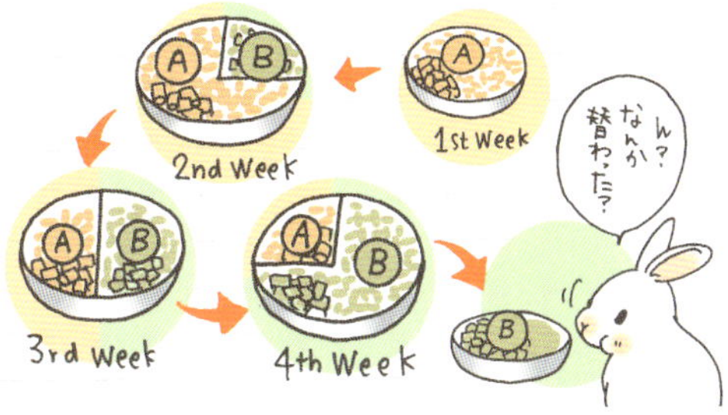

副食 野菜

緑黄色野菜を中心に、繊維質の多いものを

ウサギのごはんはあくまでも牧草とペレット。野菜は絶対に必要なものではありませんが、食欲が落ちているときの栄養補給やしつけのごほうびとして取り入れるのにはよいでしょう。知らない味は敬遠することがあるので、小さいうちからごく少量を与え、味を覚えさせておくとよいでしょう。中毒を起こす可能性のあるもの以外は基本的にどんな野菜をあげても構いませんが、食べすぎると下痢になったり、太ってしまう場合も。緑黄色野菜を中心に、繊維質が多いものを選び、あげすぎには注意しましょう。

ウサギにあげてもよい野菜

- ニンジン
- ブロッコリー
- チンゲンサイ
- 小松菜
- キャベツ
- サラダ菜
- 大根の葉
- カブの葉
- カリフラワー
- パセリ
- モロヘイヤ
- セロリ　など

ウサギMEMO

カルシウムの多い野菜に注意！

カルシウムの多い野菜を摂りすぎると、尿道や膀胱に石ができる尿石症になりやすくなるので、与えすぎに気をつけましょう。

●カルシウムの多い野菜：大根の葉、カブの葉、小松菜など。

Point!

野菜を与えるときの注意点

1 主食のペレットの1割までに

野菜を与えるときは、1日に与えるペレットの総量の1割までにおさえましょう。ウサギは野菜が大好きで、与えるとよく食べますが、適量をコントロールしてあげてください。

2 野菜の摂りすぎは下痢になりやすい

野菜ばかりを食べてペレットや牧草を食べないと、食物繊維が不足して下痢をしやすくなります。水分が少なく、繊維が多めのブロッコリーの茎やセロリの茎はおすすめ。

3 よく洗って水気を切って与え、食べ残しは片づけて

野菜はよく洗い、水気をしっかり切ってから、食べやすく小さめにカットして与えましょう。生野菜は傷みやすいので、食べ残したものはペレットの交換のときに片づけて。

洗ってから
小さくカットして

いただきま〜す

副食 野草

安全が確認できるものだけを与えましょう

野草（ハーブ）もウサギに与えることができますが、刺激が強すぎるものや、中毒を起こしてしまうものもあるので、与えてもOKという確証があるものだけに。よく洗って水気を切ってから与えましょう。自分で摘んだものは、農薬などがかかっている場合もあるので、できるだけ市販のものを与えるのが安心です。

ウサギにあげてもよい野草

- ハコベ
- クローバー（シロツメクサ）
- 西洋タンポポ
- ナズナ
- オオバコ
- ノコギリソウ

など

オオバコ
クローバー

おやつ 果物

ウサギの大好物だけど、あげすぎに注意！

果物にはビタミンや繊維が豊富なものもありますが、ウサギにとってはおやつという位置づけです。甘みがあるのでウサギは大好き。しかし、糖分とカロリーが高く、与えすぎは肥満や虫歯の原因になることもあるため、あげる量には注意しなければなりません。生の果物を指先に乗るくらいに小さく切って、ごく少量を与えましょう。抱っこやブラッシングを嫌がるときに、いい子にしていたらごほうびとしてあげるなど、しつけに取り入れるとよいでしょう。

ウサギにあげてもよい果物

- リンゴ
- ブドウ
- パイナップル
- イチゴ
- メロン
- パパイヤ
- バナナ
- オレンジ など

Point!

果物を与えるときの注意点

1 あげすぎは体調を崩すもと

糖分の多い果物は太りやすく、また、食べすぎるとペレットを食べなくなることも。栄養バランスのよいペレットを食べないと体調を崩してしまうので、あげすぎにはくれぐれも注意を。

2 よく洗って水気を切ってから

皮をむかずに与えるものはよく洗って水気を切って、小さく切ってから与えましょう。房ものや皮をむいて与えるものは小さくちぎって少量を食べさせます。

おやつ ドライ食品（果物、野菜、木の葉など）

コミュニケーションをとるのに上手に活用

野菜や果物などをカットして乾燥させたドライ食品も、ウサギ好みの食べ物。水分が少なく繊維質などが摂れるので、食欲をなくしているときや、飼い始めのころ、飼い主さんに慣らすための手渡しの練習に利用するとよいでしょう。

カロリーが高いので、ごく少量にし、あげすぎには注意を。

青パパイヤの天日干し。酵素の働きで毛球症の予防になるといわれています。

ドライイチゴは天然食物繊維のペクチンやクエン酸が豊富。できるだけ砂糖の加えられていないものを。

選ぶときはここをチェック！ Point!

☐ **できるだけ「加糖」ではないものを選ぶ**

糖分を加えたものは食いつきがよい分、あげすぎると肥満のもと。できるだけ無添加のものを選びましょう。

☐ **繊維質が多いものがおすすめ**

桑の葉、ビワの葉、リンゴ、大麦若葉など、繊維質が多く、カロリーが低いものを選ぶのもポイントです。

ウサギMEMO

レンジや天日干しで手作りも

洗ってカットした野菜やフルーツをキッチンペーパーに敷いて水気をとったら、電子レンジで5～10分（500W）加熱したり、10日前後天日干しすれば出来上がり。

その他 サプリメント

必要に応じて取り入れましょう

整腸作用を高めるものや、栄養補給を目的としたものなどがあります。ウサギ専門店では、ウサギを飼い始めるときにサプリメントの摂取についても相談にのってくれます。必要に応じて、獣医師や専門店のスタッフの指導を受けたうえで取り入れましょう。

腸の蠕《ぜん》動運動を活発にする乳酸菌のサプリメント。

病中・病後や出産前などの食欲増進を目的として、いつものペレットに少量加えるペレットタイプ。

✕ 与えてはいけないもの

中毒の原因やカロリーのとりすぎになるものはNG!

ウサギに与えてはいけない食べものには、口にすると中毒を起こすもの、ウサギにはカロリーが高すぎるものなどがあります。誤って口にしたり、与えてしまわないように、飼い主さんが十分に注意しましょう。

あげてはいけない野菜や果物

- **ジャガイモの芽や皮**
  ソラニンという有毒成分が含まれています。
- **ネギ類**
  タマネギを含むネギ類には、赤血球を破壊する有毒成分が含まれています。
- **ニンニク・ニラ**
  ネギ類と同様、赤血球を破壊する成分が含まれています。
- **生の大豆**
  消化が悪く、赤血球凝集素という中毒物質が含まれています。
- **ルバーブ**
  下痢を起こすことがあります。
- **アボカド**
  中毒を起こす有毒物質が含まれています。

など

あげてはいけない野草類

人間に対して効用がある野草(ハーブ)。少量を与えても問題ないものもありますが、なかには刺激が強すぎてウサギに有害なものも。知識がないのに与えるのは避けましょう。

- ヒガンバナ
- スイセン
- ワラビ
- シャクナゲ
- パンジー
- アサガオ
- スズラン

など多数

ウサギMEMO

観葉植物にも注意して!

ウサギが口にすると危険な草花は、観賞用の植物のなかにもとても多くあります。ケージから出して遊ばせるときは、観葉植物を食べてしまわないように、十分に配慮しましょう。

あげてはいけない人の食べ物・嗜好品

- **チョコレート**
  カフェインやテオブロミンという有害物質が含まれています。
- **コーヒー・お茶**
  含まれるカフェインがウサギにとって有害。
- **アルコール類**
  アルコールが含まれた飲み物はウサギにとって刺激物。
- **穀類を含む食べ物**
  クッキーやスナックなど、穀類を含む食べ物は、でんぷんが腸内で異常発酵することがあります。
- **人の食事・おやつ**
  草食のウサギに肉や魚は不要。また、カロリーが高すぎるばかりでなく、ネギ類などを食べてしまうことにもなりかねません。

ウサギMEMO

太ったウサギは食事と運動で体重コントロールを！

太りすぎて体が重くなると、ウサギが運動を嫌がり悪循環になります。ゆっくりダイエットに取り組みましょう。

コツ1 量は減らさずカロリーを減らす

111ページのフードの切り替え方を参考に、量は減らさずに低カロリーのペレットに移行しましょう。急に変えると食べなくなるので、少しずつ変えていくのがポイントです。

コツ2 急なダイエットは厳禁！

急激なダイエットが体によくないのは人間もウサギも同じ。獣医師にも相談しながら、根気よく取り組みましょう。

コツ3 自然に運動できる工夫を

新しい遊具で好奇心を刺激したり、ぶら下げるタイプや転がすタイプの遊具を多用するなど、自然に運動量が増えるように工夫を。

Break Time 5

ウサギの体～内臓編～

ウサギが健康に生活するために、特に重要な役割を果たしているのが胃と腸です。ウサギの消化器官はとても繊細。極度のストレスや、ウサギに不要な想定外の食べものが入ると、とたんに胃腸の機能が低下してしまいます。良質なペレットと食物繊維が豊富な牧草を与えて、胃腸の健康をキープしましょう。

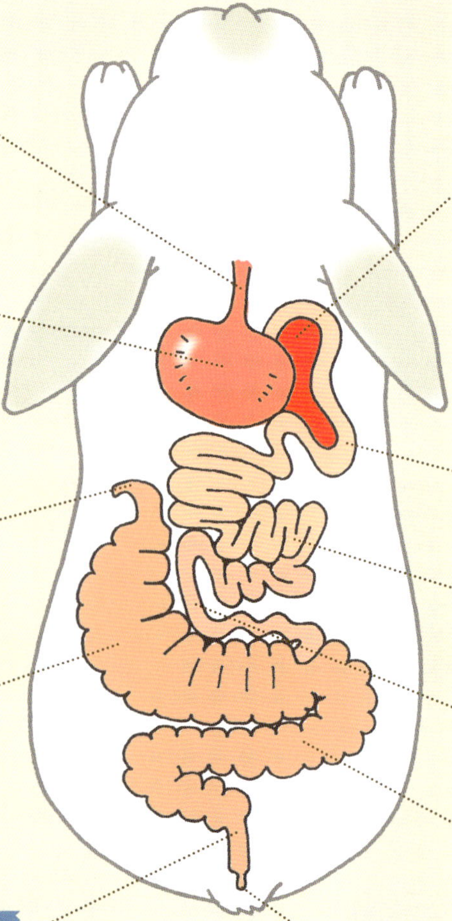

食道

食べ物をのどから胃へ送る働きをします。

胃

食べ物を消化します。ウサギは胃に入った食物や異物を吐き出すことができません。

虫垂

盲腸の端にあり、食物繊維の分解を助けます。

盲腸

胃の10倍ともいわれる大きな盲腸です。消化を助ける細菌が活発に働き、栄養豊富な盲腸便（154ページ参照）を作ります。

直腸

肛門につながる大腸の一部です。

膵臓

ホルモンを分泌する内分泌機能と、膵液を分泌する外分泌機能を持ちます。

十二指腸

胃と空腸をつなぐ小腸の一部です。

空腸

十二指腸と回腸をつなぐ小腸の一部です。

回腸

盲腸につながる小腸の一部です。

結腸

直腸の手前の大腸の一部です。

肛門

便を排泄します。

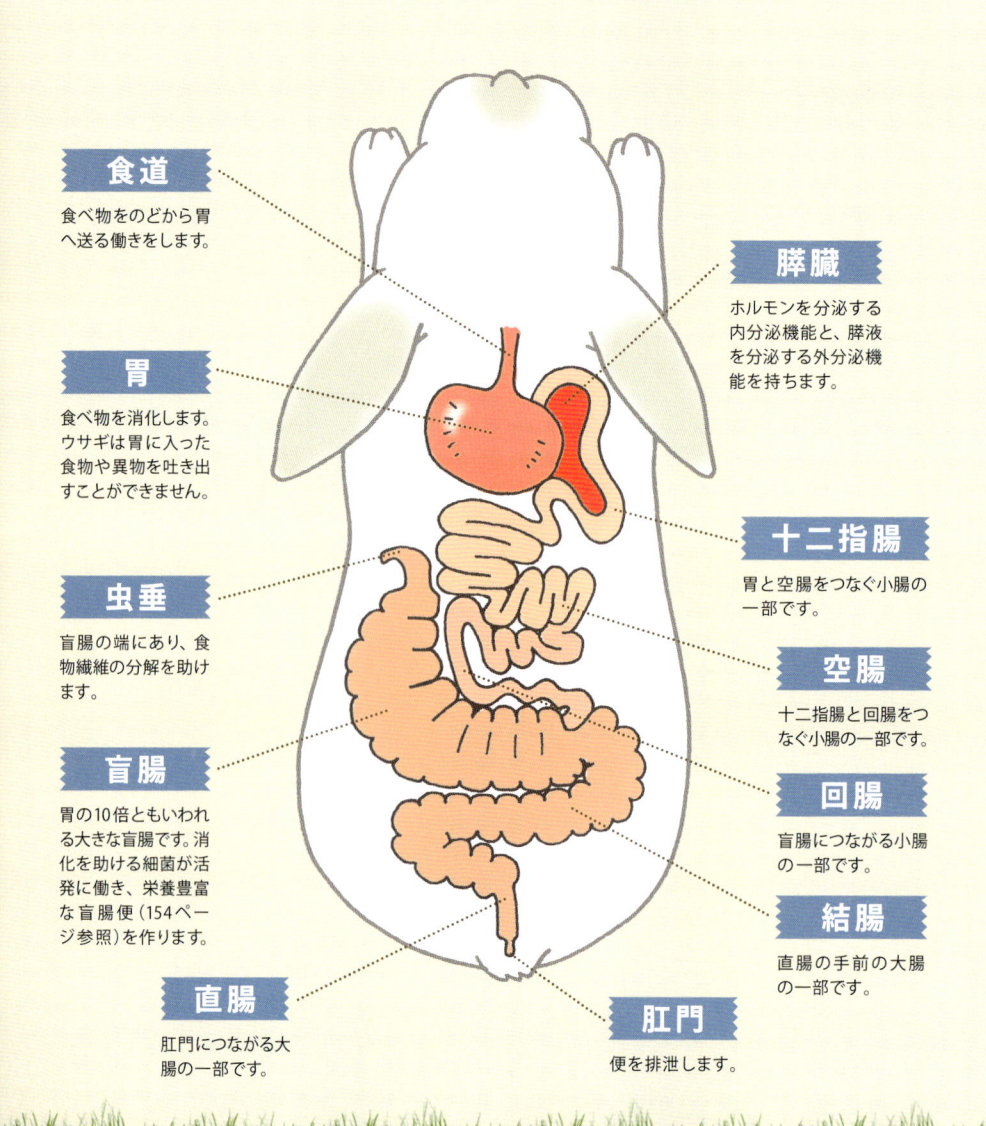

Chapter

6

体のケアと、季節・年代ごとのお世話

ウサギのお手入れ

ブラッシングのしかた

ブラッシングは、美しく清潔な被毛を保ち、体の異変を早めに見つけるためにも重要。定期的に行いましょう。

コミュニケーションと健康チェックに不可欠

　ブラッシングは、見た目の美しさを保つだけでなく、ウサギの健康を守るためにも欠かせません。ウサギには春と秋に被毛が生え変わる換毛期があり、この時期には大量の毛が抜けます。自分で毛づくろいができますが、抜けた毛を大量に飲み込むと、毛球症という病気になることが。温度管理された室内で飼われていると、春と秋に限らず毛が抜けることもあります。病気を避けるためにも、定期的なブラッシングを行いましょう。

短毛種のブラッシングのしかた　目安：2、3日に1回

1 グルーミングスプレーをもみ込む

ウサギをももの上にのせ、耳の穴や目を手のひらで保護し、おでこから背中にグルーミングスプレーをかけます。根元までなじむようにやさしくもみ込みましょう。

2 おしりのほうからスリッカーブラシをかける

おしりから頭に向かって、毛をかき分けながらスリッカーブラシをかけます。ブラシの先が皮膚につかないように気をつけて。

抜け毛の多い時期は、スリッカーブラシの前にラバーブラシで抜け毛をある程度取っておくと、なおよいでしょう。

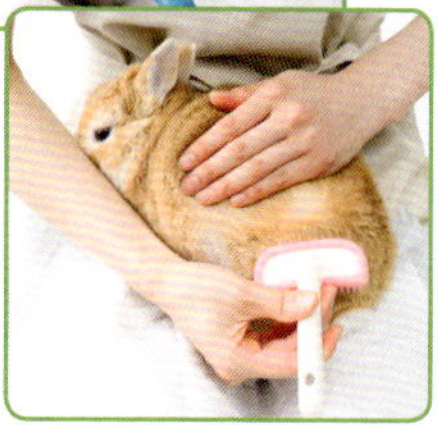

短毛種のブラッシングに必要なグッズ

スリッカーブラシ

浮いた毛を取ったり、毛玉をほぐすのに使います。先が丸くなったものを選んで。

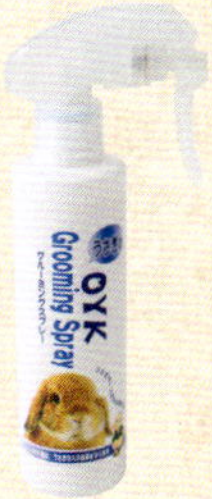

グルーミングスプレー

汚れを浮かせて取れやすくし、被毛につやを与えます。

ペットシーツ

ももの上に敷くと、洋服に毛がつかなくて楽。タオルでも構いませんが、ループ状になっていないものを選んで。

豚毛ブラシ

仕上げに使います。毛がやわらかく、マッサージ効果も。

ウサギMEMO

抜け毛対策をしてからブラッシングを！

抜け毛を吸わないようにマスクをし、エプロンをしましょう。ウサギがあばれて腕を引っかかれることもあるので、長袖がベター。さらに、レジャーシートやグルーミング用の布を敷くと、片付けが楽です。

3 豚毛ブラシで全身をブラッシング

毛の流れにそって、全身を豚毛ブラシでブラッシングします。力を入れすぎないように、やさしくとかすと血行促進にも効果的。

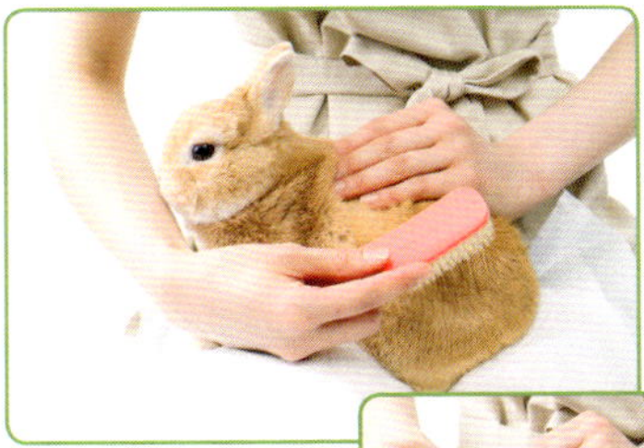

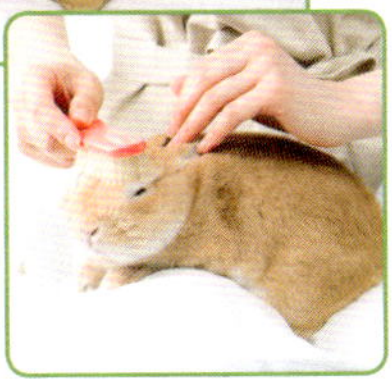

おでこや耳も豚毛ブラシでやさしくブラッシングをしましょう。

4 全身をならしてできあがり

毛の流れにそって、全身を手でならしたら、短毛種のブラッシングは完了です。

おなかのブラッシングは不要

皮膚がやわらかいおなかはブラシを当てずに、グルーミングスプレーを手につけて、やさしくもみ込んで抜け毛を取りましょう。

絡まりやすい長毛種は念入りに

長毛種は短毛種に比べると被毛が長い分絡まりやすく、汚れもつきやすいため、念入りにブラッシングをする必要があります。高温多湿の梅雨時や夏場は、皮膚病の心配もあるので、ブラッシングのときにチェックを。また、湿度の高い時期だけ、プロのトリマーに短くカットしてもらってもいいでしょう。

長毛種のブラッシングに必要なグッズ

静電気防止スプレー

長毛種は静電気が起きやすいので、ブラッシングの前にスプレーすると安心。

グルーミングスプレー

汚れを浮かせて取れやすくし、被毛につやを与えます。

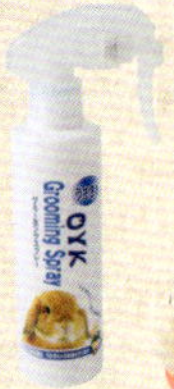

スリッカーブラシ

浮いた毛を取ったり、毛玉をほぐすのに使います。先が丸くなったものを選んで。

豚毛ブラシ

仕上げに使います。毛がやわらかく、マッサージ効果も。

両目ぐし

絡まった毛をほぐすときに使用します。

ペットシーツ

ももの上に敷くと、洋服に毛がつかなくて楽。タオルでも構いませんが、ループ状になっていないものを選んで。

長毛種のブラッシングのしかた　目安：できるだけ毎日

1 静電気防止スプレーをかける

ももの上に抱っこし、全体的に静電気防止スプレーをかけます。スプレーが目や耳に入らないように、手のひらで保護しながらかけましょう。

2 両目ぐしで毛の絡まりをほぐす

おしりのほうから、毛をかき分けて粗い目、細かい目の順に両目ぐしをかけます。毛玉は無理に引っぱらずに、毛の根元を押さえながらていねいにほぐして。

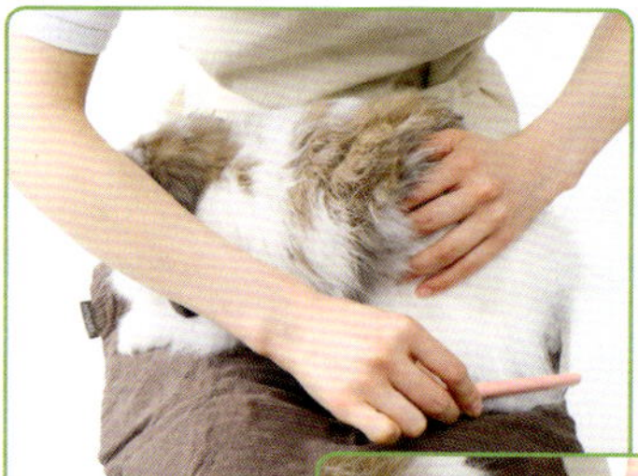

ほぐすのが難しい毛玉は、ハサミでカットしてもOK。

Point!

嫌がるときは縄張りの外か低いテーブルで

思春期などには、ブラッシングを嫌がることがあります。そうしたときはいつも過ごしているのと違う部屋に移動したり、低めのテーブルの上で行うと、おとなしくなります。

ウサギMEMO

難しいときはプロに頼むのも一案

ブラッシングは上手にやらないとウサギが嫌がることも。ウサギがあばれて難しいときは、プロのトリマーに頼むことも検討しましょう。不快なことがないとわかれば、家でのブラッシングもやりやすくなります。

3 グルーミングスプレーをかけ、スリッカーブラシをかける

グルーミングスプレーをかけてもみ込んだあと、おしりのほうからスリッカーブラシをかけます。毛をかき分けながらていねいに。

グルーミングスプレーは目や耳の中に入らないように注意して。

4 おでこと耳を豚毛ブラシで、全身を両目ぐしで整える

デリケートなおでこと耳の周囲は豚毛ブラシをかけ、毛の流れに添って全身を両目ぐしでとかしたら完了です。空気が乾燥している時期は、最後にもう一度静電気防止スプレーをかけるといいでしょう。

耳の下側は毛玉になりやすいので、両目ぐしで毛玉を取ってから豚毛ブラシをかけてもOK。

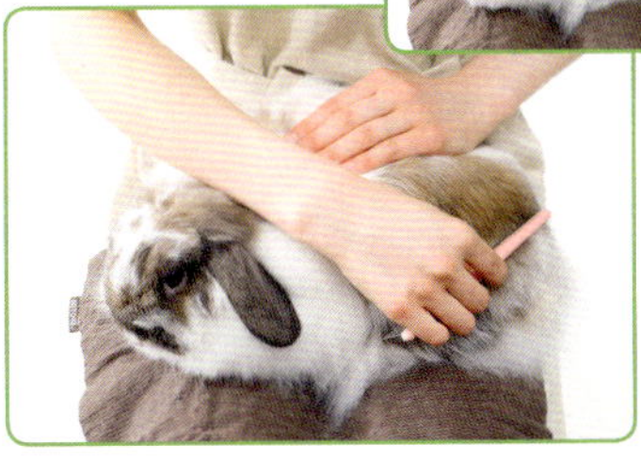

ウサギのお手入れ

体のお手入れのしかた

爪が伸びすぎていたり体が汚れていると、ケガや体調不良の原因に。
手際よくお手入れする方法を覚えておきましょう。

病気やケガの予防のために、定期的にケアを

ブラッシング同様、体のお手入れはケガや病気の予防のためにもとても重要です。慣れない体勢を強いられるので、嫌がるウサギも多いかもしれませんが、放置しておくのは健康のためにもよくありません。日ごろからコミュニケーションをとり、触れられるのを嫌がらないようにしておきましょう。

体のお手入れをスムーズにするコツ

Point!

1 日ごろから抱っこや触れられることに慣らしておく

ウサギと飼い主さんとの間に信頼関係があると、お手入れがスムーズに。そのために、日ごろから触れられることや抱っこに慣れさせておくとよいでしょう。

2 専用のケア用品を利用して、時間を短縮

ウサギのケアに適した用品も市販されています。こうした専用グッズを利用してお手入れの時間を短縮すると、ウサギのストレスも軽減できます。

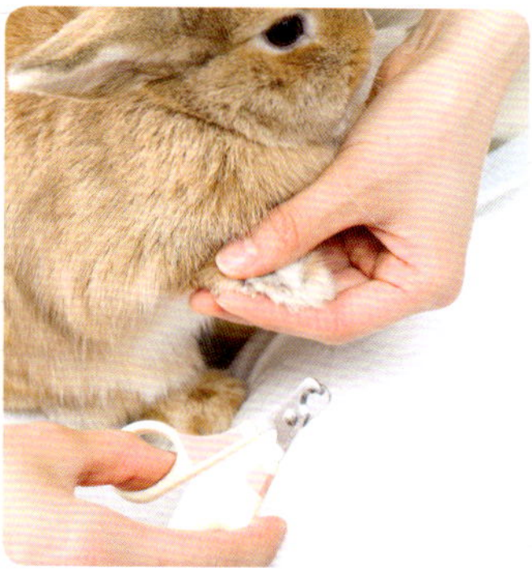

爪切り

1〜2カ月に1回、伸びていたらカットを

野生のウサギは野山をかけ回るうちに自然と爪が削れて、伸びすぎることはありませんが、ペットウサギは爪が伸びやすい環境にいます。爪の先が下を向いてカーブしていたら伸びすぎのサイン。一度にすべての爪を切るのは大変なので、初めのうちは1日に1本ずつ切ったり、2人で行うとよいでしょう。

必要なグッズ

ペット用爪切り

爪が滑らないように引っかけられるようになったはさみタイプがおすすめ。

ペット用やすり

切ったあとの爪をなめらかにするのに使います。なくてもOK。

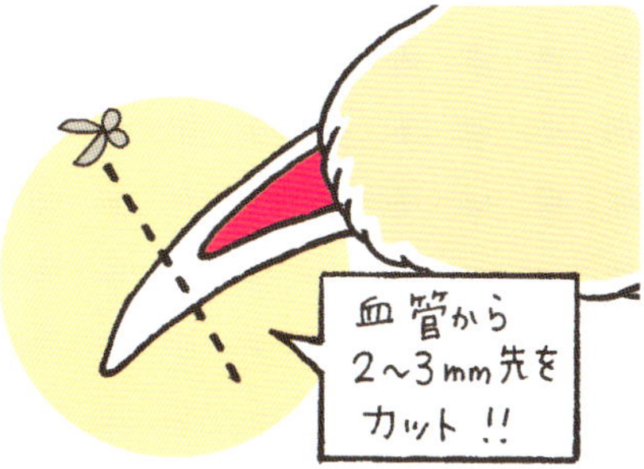

1 前足の爪を切る

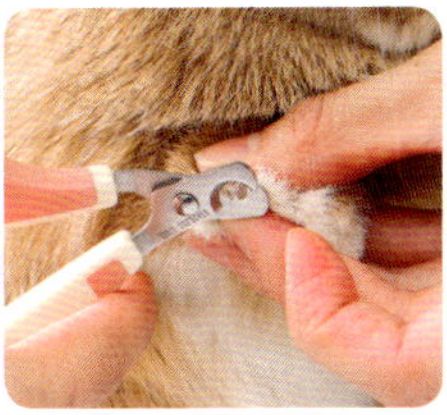

基本の抱き方でももの上にウサギを横向きに乗せ（P120参照）、外側の前足の爪からカット。内側の前足の爪を切るときは、ウサギの向きを変えて外側にしてから切ります。

▼

2 後ろ足の爪を切る

後ろ足の爪を切るときは、あおむけ抱っこが楽です。爪を押し出すようにつかんでカットしましょう。慣れるまでは1人がウサギを押さえて、もう1人が爪を切る方法もおすすめ。

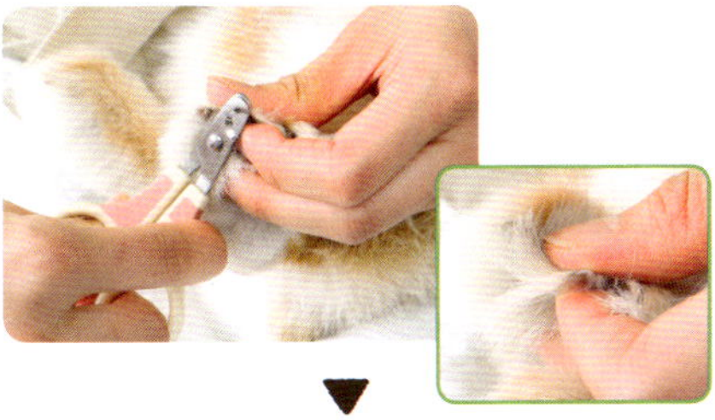

▼

3 やすりをかける

切ったあとの爪の先にやすりをかけてなめらかに。爪切りに慣れないうちは、無理にやらなくてもOK。

ウサギMEMO

血管を切ってしまったら爪用止血剤があると安心

誤って血管を切ってしまったときは、ペット用の爪用止血剤を使うと早く血を止めることができます。爪以外には使用しないでください。

写真は粉状の止血剤。出血箇所に塗ると3秒程度で止血ができます。14g、2,000円前後。

耳の掃除

チェックはまめに、汚れているときだけやさしく掃除を

ウサギの耳の中は、つるつるできれいなのが基本。特にたれ耳の品種は、ブラッシングのときに耳の中もチェックを。いやなにおいがしていないかも、あわせて確認しましょう。耳が汚れているのは病気が原因の場合もあるので、気になるときは獣医師にも相談を。

1 耳の中の汚れを目で見て確認

ウサギをももの上に抱っこし、汚れているか、おかしなにおいがしていないかを確認します。

▼

2 イヤークリーナーを綿棒につける

イヤークリーナーを綿棒の先に2、3滴たらします。綿が湿る程度にし、つけすぎないように注意。

▼

3 やさしく耳の中の汚れを取る

力を入れてこすらないように気をつけて、やさしく汚れをふき取ります。ウサギの向きを変えて、反対側の耳も同様に。

必要なグッズ

ペット用イヤークリーナー
汚れをふき取りやすくします。アルコールが含まれていない、低刺激のものを選んで。

綿棒
汚れをかき出すのに使います。

慣れないうちはペット用の大きな綿棒を使うのがおすすめ

写真は人用の小さい綿棒ですが、ペット用の綿棒も市販されています。綿の部分の直径が1cmくらいあり、奥まで入らないようになっているので、慣れない人はこちらを使用すると安心です。

ウサギMEMO

ウサギの耳の穴は2つある!?

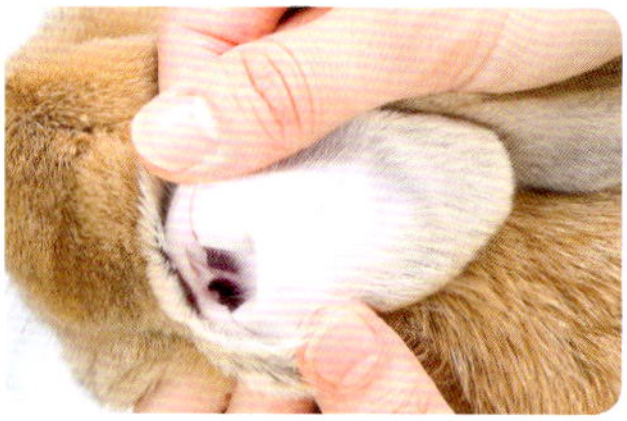

ウサギの耳を見てみると、一見穴が2つあるように見えます。実は上のほうの穴は行き止まり。下の穴が耳の穴です。覚えておくと、耳掃除がやりやすいでしょう。

目の手入れ

汚れていたら、汚れを浮かせてからふき取る

ウサギは毛づくろいのときに、目の汚れも一緒に自分で取っていますが、取れにくい汚れは飼い主さんがとってあげましょう。まめにきれいにしているのに目やにや涙が多く出るときは、体の不調が目に出ている可能性が。心配なときは獣医師に相談しましょう。

必要なグッズ

目の洗浄液
こびりついた汚れを浮かせて取れやすくします。専用液がないときは、市販の生理食塩水でもOK。

ティッシュペーパー
浮いた汚れをふき取るのに使用します。

1 汚れの有無を目で見て確認

もものの上に抱っこし、上下に目を開いて汚れているか確認します。強く引っぱらないように注意して。

▼

2 洗浄液をたらして浮いた汚れをふき取る

洗浄液を2、3滴たらし、汚れを浮かせてからティッシュペーパーでふき取ります。無理にこすらないようにしましょう。

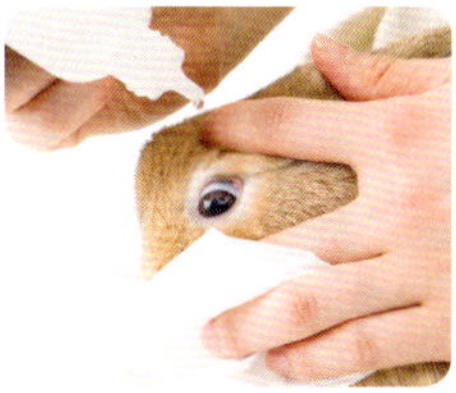

肛門周囲のお手入れ

においの強い分泌物が出ていたらふき取る

ウサギはあごの下と肛門の脇ににおいを発する臭腺があり、縄張りを主張するときや発情したときに、肛門脇の臭腺から黒褐色のにおいの強い分泌物を出すことがあります。犬や猫の場合は絞り出すことがありますが、ウサギの場合はその必要はありません。ただし、分泌物はとてもくさいので、出ているのを見つけたときは、きれいにしたほうがよいでしょう。

綿棒で取り除く

綿棒で汚れを絡めとります。汚れが固まっているときは、グルーミングスプレーを少しかけると効果的。

ウサギのお手入れ

健康チェック

体調が悪いと、体のいろいろなところに現れてきます。
お手入れのときに、体に異常がないかチェックしましょう。

仲よくなっておくと変化にも気づきやすい

ウサギは言葉で伝えられない分、不調を体の変化で訴えます。お手入れのときに、異常がないか確認する習慣をつけましょう。日ごろからコミュニケーションをまめに取っていると、こうした変化にも気づきやすくなるでしょう。

体重測定

週に1回を目安に体重を測定し、記録しておきましょう。キッチン用のデジタルはかりや、ウサギ専用体重計の上にカゴを乗せ、その中にウサギを入れて計り、カゴの重さを引くのが一般的です。

目のチェック

目やにの有無、涙の多さ、まぶたが赤くないかなどをチェック。

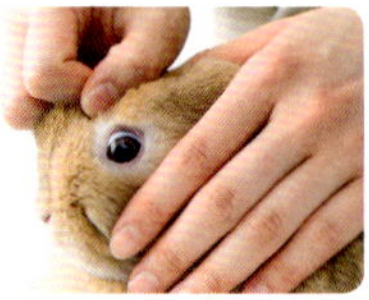

耳のチェック

汚れがないか、においがしていないか、かゆがっていないかをチェック。

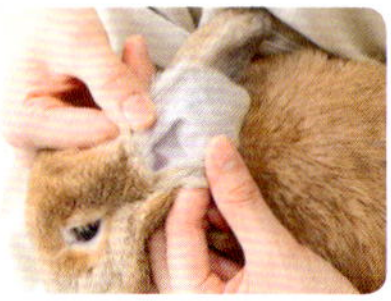

鼻のチェック

鼻水が出て鼻の周りが濡れていないか、くしゃみをしていないかチェック。

歯・口のチェック

前歯がまがっていないか、変なにおいがしていないかチェック。

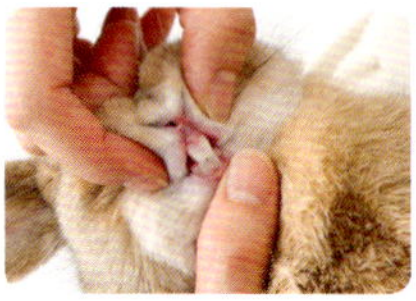

足のチェック

足裏の毛がはげていないか、触って痛がらないかをチェック。

おしりのチェック

下痢をしてウンチで汚れていないか、分泌物が出ていないかチェック。

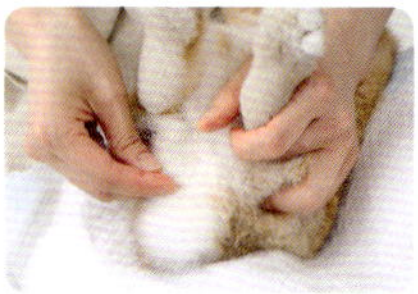

ウサギの健康チェックシート

今日の ____________________

年　　月　　日　　天気 ________　　気温　　℃　　湿度　　%

体重	________ g　　増えた ・ 変化なし ・ 減った
ごはん	牧草／ たくさん食べた・普通・あまり食べなかった・まったく食べなかった ペレット ________ g ／ たくさん食べた・普通・あまり食べなかった・まったく食べなかった その他（　　　　　　　　）
体のチェック	□目　□耳　□鼻　□歯・口　□足　□おしり ・お手入れの内容や気になったこと （　　　　　　　　）
食欲	たくさん食べた・普通・あまり食べなかった・まったく食べなかった ・気になったこと （　　　　　　　　）
水を飲んだ量	たくさん飲んだ・普通・あまり飲まなかった・まったく飲まなかった ・気になったこと （　　　　　　　　）
行動・機嫌	よく動いた・いつもどおり・あまり動かなかった・まったく動かなかった ・気になったこと （　　　　　　　　）
オシッコ	多い ・ 普通 ・ 少ない ・色や状態 （　　　　　　　　）
ウンチ	多い ・ 普通 ・ 少ない ・色や状態 （　　　　　　　　）

その他気になったことや今日のできごと

※コピーして使いましょう。

ウサギのお世話

季節ごとのお世話

ウサギは湿度や暑さ、寒さに敏感で体調を崩しやすいので、季節に合わせた対策をして、元気に過ごせるようにしましょう。

春・秋　抜け毛対策と寒暖の差に注意

春と秋は気候が穏やかで、比較的過ごしやすい季節です。しかし、早春や晩秋は、日中は暖かくても、朝晩は冷え込みます。１日の気温の変化が激しいため、ウサギが体調を崩さないように温度調節を。秋は食欲が増すので、体重管理にも気をつけて。換毛期でもあるので、いつもよりまめにブラッシングをするなど、抜け毛を大量に飲み込まないように気をつけましょう。

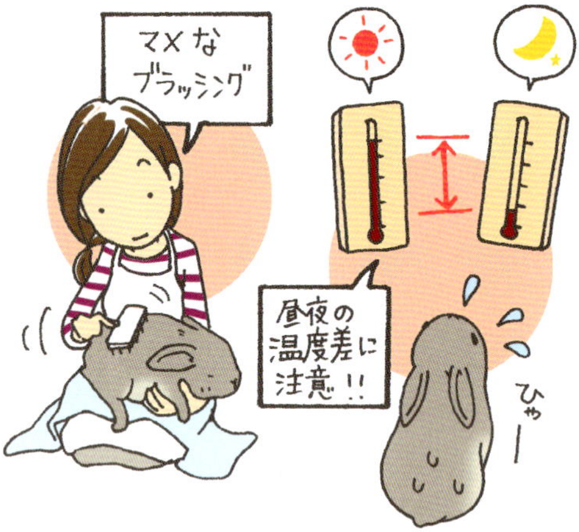

梅雨　湿度管理を万全に

湿度が高くなる梅雨時は、皮膚の病気が心配です。エアコンや除湿器を利用して、湿度が40～60%になるように管理を。皮膚に異常がないかも、まめにチェックしましょう。食べ物が湿ったり、腐りやすいときでもあるので、牧草やペレットはしっかり密閉保存し、野菜類の食べ残しは放置しないで早めに片づけましょう。雑菌が繁殖しないよう、ケージ内を清潔に保って。

夏　暑さによる熱中症に気をつけて

30℃を超えるような暑い室内では、ウサギが熱中症を起こしてしまいます。風通しのよい場所にケージを置いたり、外出中もエアコンをつけっぱなしにして対応を。酷暑日は極力外出は控えましょう。梅雨に引き続き食べ物が腐りやすいので、食べ残しはすぐに処分しましょう。

※凍らせたペットボトルをおくときは、水滴が落ちて被毛を濡らさないように、タオルを巻きましょう。

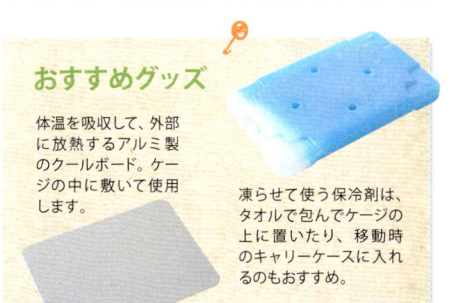

おすすめグッズ

体温を吸収して、外部に放熱するアルミ製のクールボード。ケージの中に敷いて使用します。

凍らせて使う保冷剤は、タオルで包んでケージの上に置いたり、移動時のキャリーケースに入れるのもおすすめ。

冬　寒さ対策をして体調管理を

室温が10℃以下にならないように、温度管理をしましょう。加湿器も利用して、乾燥しすぎないようにも気をつけて。ケージにキャスターをつけたり、床から少し離す工夫をすると、底冷えを防ぐことができます。段ボールでケージを囲んで毛布をかけると保温効果が高まります。

おすすめグッズ

ケージの中に入れて使うペット用ヒーター。暑すぎたら移動できるように、ケージの一角に起きましょう。

布製のベッドは電気を使わないので安心です。

ウサギのお世話

年代別のお世話

ウサギがいつまでも健康的に毎日を過ごすために、
年代ごとのお世話のポイントを知っておきましょう。

成長に合わせたケアで、長生きを目指しましょう

ウサギの平均寿命は7、8年ですが、快適な環境と適切な食事を与えられていれば、ウサギは長生きできます。フードの充実や医療の進歩も手伝い、10年以上生きるウサギもめずらしくなくなってきました。長生きのために大事なのは、成長過程に合わせたお世話をすること。小さな頃は食欲も運動量も豊富ですが、歳をとってくれば運動量が落ちてきます。そうしたことに考慮しながら、個体に合わせてお世話の内容を変えていきましょう。

ウサギと人の年齢比較表

	ウサギ	日本人

成長期	2カ月	赤ちゃん
	3カ月	小学生
若年期	6カ月	中学生
	7カ月	高校生
成年〜中年期	1年	成人
	2〜3年	青年
	3〜5年	中年
老年期	5年〜	老年

成長期

離乳後～生後6カ月くらい

温度管理に気をつけ たっぷり栄養を摂らせたい時期

ウサギは生後6週間ほどで完全に離乳をします。離乳直後はまだ体力がなく、少しの環境の変化でも下痢をしたり、体調を崩しがち。温度・湿度の管理を徹底しましょう。牧草は高カロリーのアルファルファと咀嚼力を高める1番刈りのチモシーをミックスし、ペレットは子ウサギ用の栄養価の高いものを。この時期は食べたいだけ食べさせてもOK。栄養をたっぷり摂り、体を作ることが先決です。環境に慣れてきたら、トイレのしつけも始めてみましょう。

お世話のポイント

- 寒暖の差に注意。室温20～28℃、湿度40～60%を目安に。
- トイレのしつけを始めましょう。
- この時期の繁殖はまだ早いので、避けましょう。

ウサギMEMO

3カ月を過ぎると困った行動が始まることも

生後3、4カ月くらいになると、それまでおりこうでおとなしかったウサギでも、あばれたり困った行動を起こすことが。どんなウサギにも起こりえることなので、落ち込まずに行動の意味を理解して対処しましょう。

困った行動の対処▶▶▶84ページへ

ごはんのポイント

- 一気に食べすぎるのを防ぐため、ペレットは1日3回に分けて与えるとよいでしょう。
- この時期は大人の倍近いカロリーが必要。ごはんはたっぷり食させてOKです。

若年期

生後6カ月〜1年くらい

体ができあがり、運動量が増える時期

ウサギは生後６カ月前後で、ほぼ大人と同じくらいに成長します。これまでたっぷりと与えていたペレットの量を、適正量（体重の３％以下）に変えていきましょう。好奇心が増し、運動量が増えますが、骨が出来上がっていない場合もあるので、落下事故によるケガには注意を。

お世話のポイント

- 運動量が増えるので、落下事故や感電に注意。
- 繁殖に適した時期です。
- 去勢・避妊手術もこの時期が適しています。

ごはんのポイント

- 牧草は成長期同様たっぷりと与えましょう。
- 野菜や果物をごく少量与えてもOK。

成年〜中年期

生後１年 〜５年くらい

太りやすくなるので運動とごはんに気を配って

生後１年を過ぎると立派な大人のウサギに。引き続き好奇心旺盛で活発なので、事故が起きないように気を配って。太りやすくなるので、満腹感を与えつつカロリーを抑えられるように、ごはんの内容を見直しましょう。

お世話のポイント

- 年齢（運動量）に合わせて遊具をレイアウトしましょう。

ごはんのポイント

- 牧草はカロリーの低いチモシー中心に。
- ペレットは適正量を守り、太りぎみならダイエット用を検討しましょう。
- カルシウムの摂りすぎに気をつけて。

老年期

生後５年以上

運動量が減り、病気への備えも必要に

５歳を過ぎると運動量が減り始めるため、太りやすくなります。また、膀胱結石などの病気になりやすいので、カルシウムが少なく、低カロリーのシニア用のペレットに切り替えを。寒暖の差で体調を崩しやすいので、温度管理も重要です。体の自由が利かなくなると、毛づくろいをしなくなるウサギも。ブラッシングをまめにし、嫌がらなければ血行促進のためにマッサージをするのもおすすめです。

大人のメスには肉垂《にくすい》があります

個体差はありますが、メスは大人になるとあごから胸にかけてふくらんできます。これは肉垂といい、病気ではありません。

お世話のポイント

- 寒暖の差がないように温度管理を。
- 不要な遊具は減らして、ケージ内のレイアウトは頻繁に変えないようにしましょう。
- ブラッシングをまめにし、マッサージをするのもおすすめです。（※）
- 定期的に健康診断に行きましょう。

ごはんのポイント

- 低カロリーでカルシウムの少ないペレットに移行し、牧草はやわらかめの２番刈りチモシーをメインに。
- 必要があれば、サプリメントを追加しましょう。

茎が細くてやわらかい２番刈りのチモシーは噛む力が弱くなったシニアにおすすめ。

※マッサージを取り入れたいときは専門家に相談し、やり方を指導してもらいましょう。

Break Time 6

ウサギの体～骨格編～

ウサギの骨は弱く、骨折をしやすいのが特徴。同じくらいの大きさの猫の体重に対する骨の割合が12～13％なのに対し、ウサギは７～８％くらいといわれています。落下事故のほか、人が誤って踏んでしまうだけでも骨折します。事故が起きないように、日ごろから飼い主さんが注意してあげましょう。

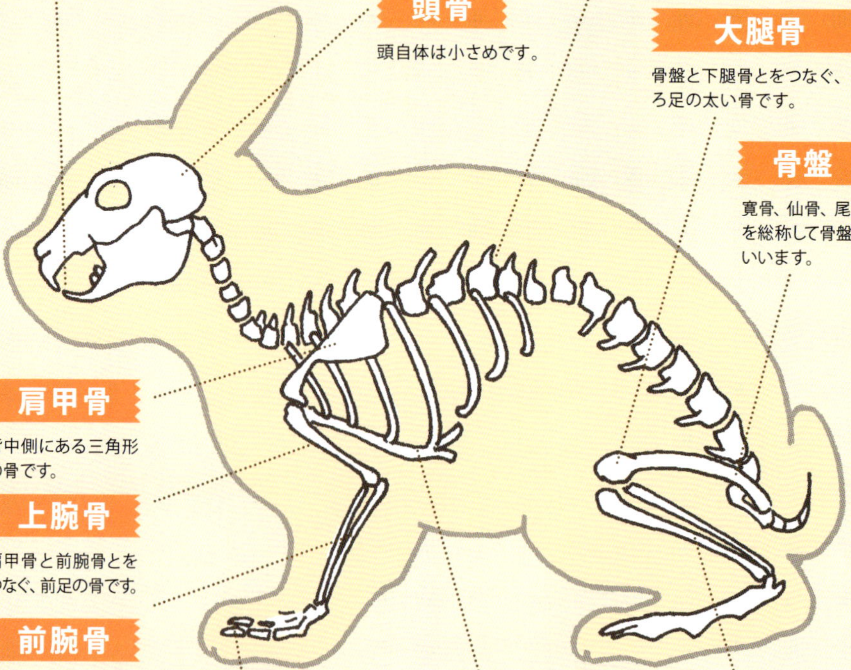

歯

ウサギの歯は切歯（前歯）が上４本、下２本、臼歯（奥歯）は上が左右各６本、下が各５本ずつの計28本。上の切歯は、横に４本ではなく、２列に並ぶように生えています。すべての歯は一生伸び続けます。

背骨（脊椎）

７つの頸椎、13の胸椎、７つの腰椎、尾椎からなります。胸椎が小さく、腰椎が大きいのが特徴です。

頭骨

頭自体は小さめです。

大腿骨

骨盤と下腿骨とをつなぐ、後ろ足の太い骨です。

骨盤

寛骨、仙骨、尾骨を総称して骨盤といいます。

肩甲骨

背中側にある三角形の骨です。

上腕骨

肩甲骨と前腕骨とをつなぐ、前足の骨です。

前腕骨

小指側の尺骨と親指側の橈《とう》骨の２本からなります。

指の骨

指の本数は前足が５本、後ろ足は４本。指の骨は無数の小さな骨で構成されています。

肋骨

強くないので、圧迫されるとウサギが息苦しさを感じます。気をつけて。

下腿骨

脛骨と腓骨という２本の骨で構成されています。

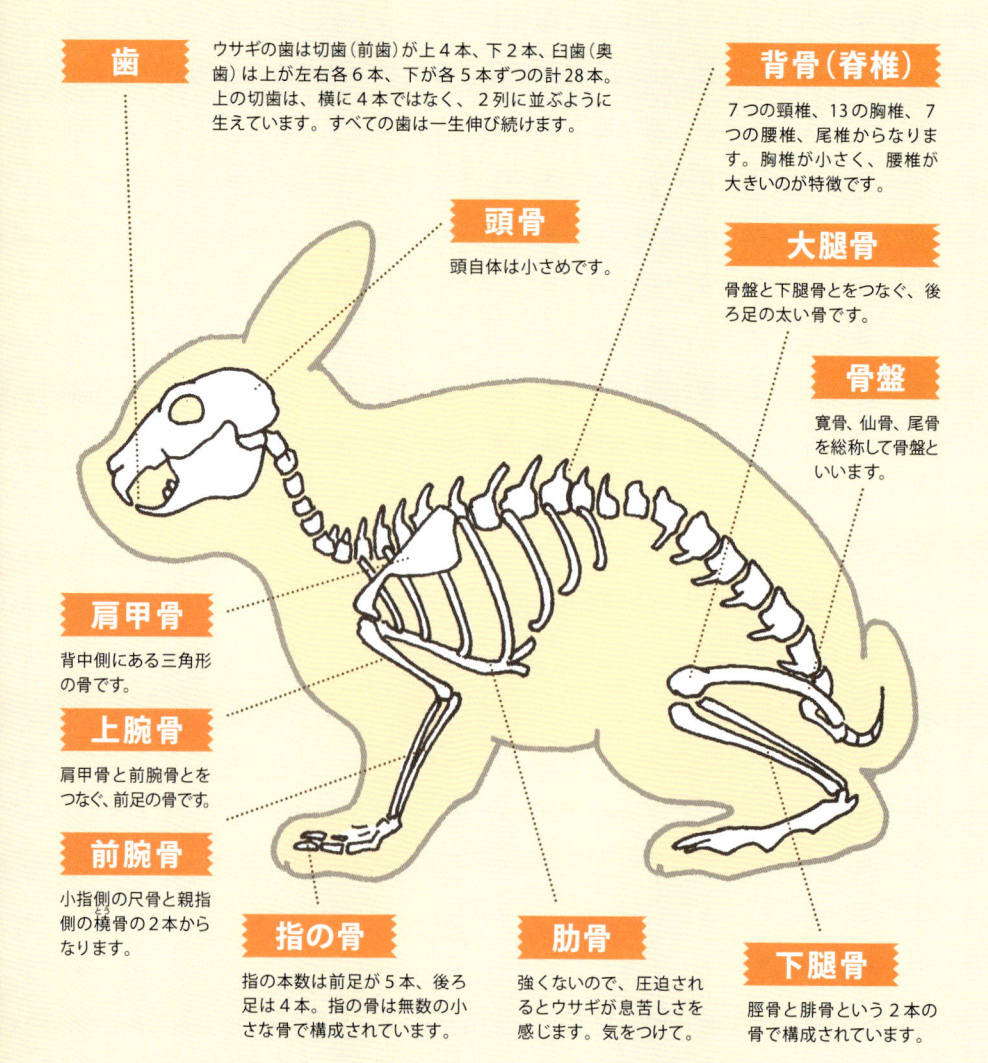

Chapter

7

病気やケガに備える

もしものときのために

主治医を見つけておく

ウサギが体調を崩したときにあわてないために、
かかりつけの病院を見つけておきましょう。

かかりつけの病院を見つけておく

ウサギの診療を行っていて、通いやすいところがおすすめ

ウサギの診察を行っている病院も増えてきましたが、犬や猫に比べるとまだ少ないといえます。ウサギが健康なうちからリサーチして、ウサギの治療を行っている動物病院を見つけておきましょう。選ぶ際のポイントになるのは、右のようなことです。ウサギを飼っている人のクチコミなども参考にし、かかりつけの病院を選ぶといいでしょう。

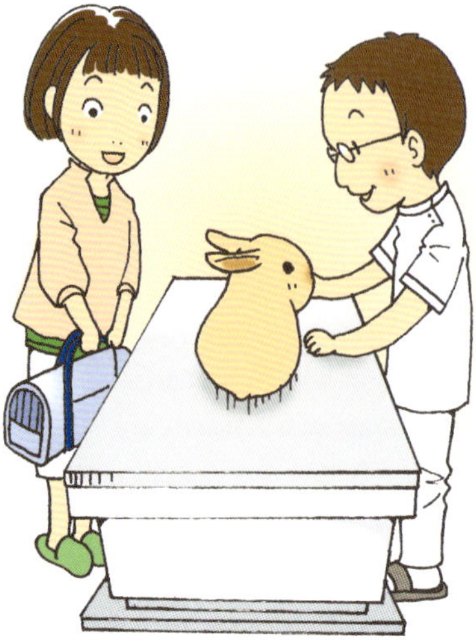

動物病院選びのポイント

❶ ウサギの診療を行っている

ウサギの診療を行っているかを確認しましょう。

❷ 家から近く、通いやすい

ウサギが突然体調を崩したとき、すぐに連れていける距離かどうかも選択の基準になります。

❸ 先生が問診や説明をきちんとしてくれる

獣医師がきちんと話を聞いてくれて、治療方針を説明してくれると安心です。

❹ 先生がウサギの扱いに慣れている

事務的に診察をするばかりでなく、ウサギをていねいに扱ってくれる先生だと、ウサギが安心できます。

❺ 治療費の明細がわかる

治療にかかった料金が明確にわかる領収書を出し、不明瞭な請求に対しては、きちんと内容を説明してくれる病院を選びましょう。

動物病院に行くとき気をつけること

必要なものを持参し、詳しく説明すると診断がスムーズ

1 診療時間・休診日を確認しておく

診療受付時間や休診日のほか、担当の獣医師がいるかなどを、あらかじめ電話やホームページで確認しておきましょう。

2 受診の前に連絡を入れる

突然ウサギの様子がおかしくなったときでも、まずは病院に来院の連絡を。病院側も準備をして待つことができます。

3 診断の材料になるものは持参する

ウンチやオシッコ、誤飲したと思われるものがわかるときは、持参したり、詳しく内容を伝えられるメモを持参して。

4 いつもお世話している人が同行する

ウサギの異常を詳しく説明し、最適な処置を行うために、いつもお世話をしている人が同行するようにしましょう。

5 症状を具体的に伝えられるようにしておく

正しい診断をするためには、飼い主さんの説明が大事なヒントになります。どんなふうに具合が悪いのかを、できるだけ具体的に説明できるようにしましょう。飼育日記をつけている場合は、持参しましょう。

○ よい説明

いつもはよく動くのに
まったく動かなくなりました
ごはんの内容は
変えていないのに
食べなくなりました
呼吸が速くて
息苦しそう
ウンチが
やわらかくて
回数も増え
ました
足を引きずって
歩くようになりました
OK

× わかりにくい説明

動きが変なんです!
ごはんを
食べないっ
呼吸が
おかしいです!
ウンチが
変!!
具合が
悪そう…
NG

かかりやすい病気を知る

ウサギに多い10大症状

ウサギに特に起こりやすい10の症状をまとめました。
同じような症状があれば、迷わず動物病院へ行きましょう。

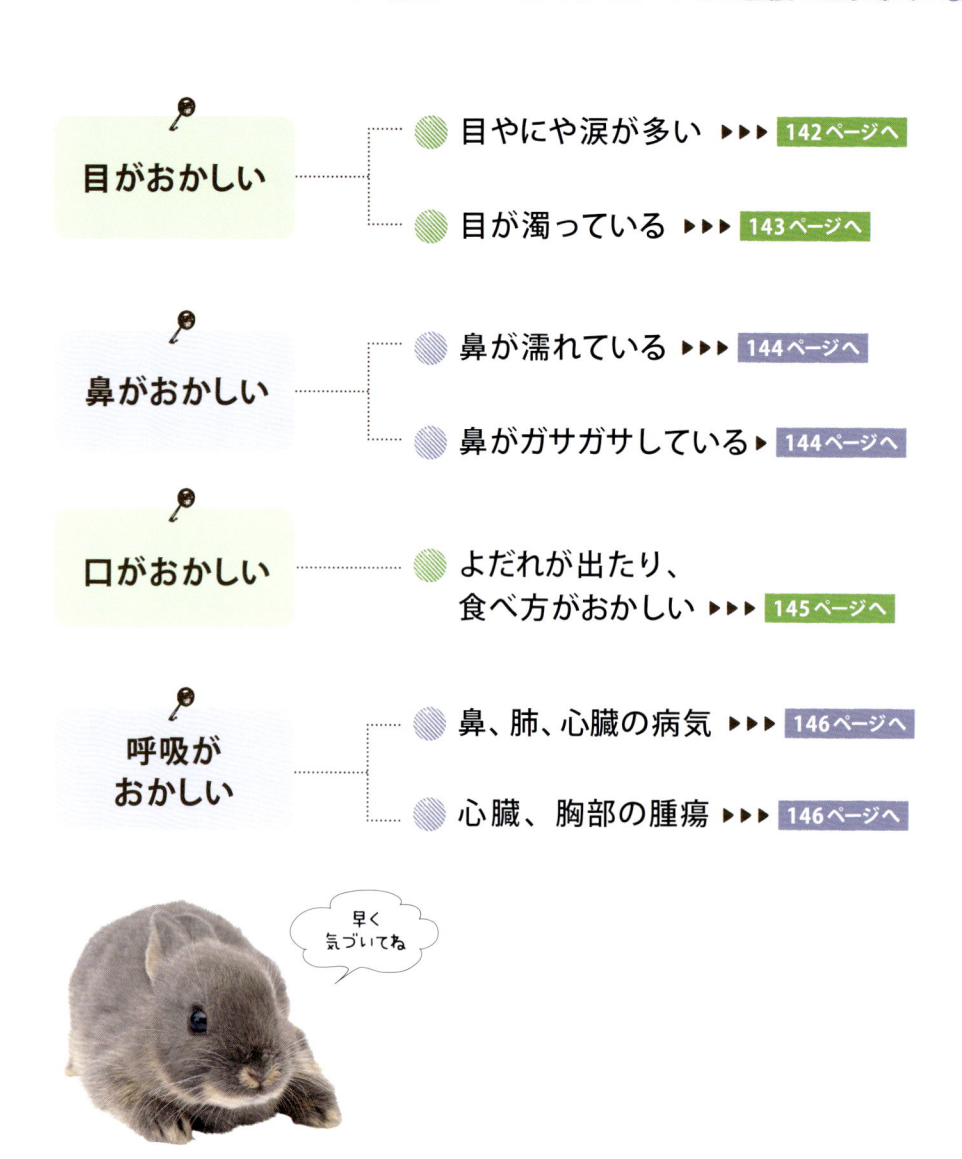

目がおかしい

- 目やにや涙が多い ▶▶▶ 142ページへ
- 目が濁っている ▶▶▶ 143ページへ

鼻がおかしい

- 鼻が濡れている ▶▶▶ 144ページへ
- 鼻がガサガサしている ▶ 144ページへ

口がおかしい

- よだれが出たり、食べ方がおかしい ▶▶▶ 145ページへ

呼吸がおかしい

- 鼻、肺、心臓の病気 ▶▶▶ 146ページへ
- 心臓、胸部の腫瘍 ▶▶▶ 146ページへ

- **しこりやできものがある**
  - 腫瘍 ▶▶▶ 147ページへ
  - 膿瘍 ▶▶▶ 147ページへ
- **毛が抜ける・はげる**
  - 全身に症状が出る ▶▶▶ 148ページへ
  - 足裏だけに出る ▶▶▶ 149ページへ
- **オシッコがおかしい**
  - 量が多い ▶▶▶ 150ページへ
  - 何度もトイレに行く ▶▶▶ 150ページへ
  - オシッコが出ない ▶▶▶ 151ページへ
  - 色がおかしい ▶▶▶ 151ページへ
- **ウンチがおかしい**
  - 小粒だったり、出なかったりする ▶▶▶ 152ページへ
  - やわらかい ▶▶▶ 153ページへ
- **おなかが張っている**
  - 胃腸の病気 ▶▶▶ 154ページへ
  - 生殖器の病気（メス） ▶▶▶ 154ページへ
- **動きがおかしい**
  - 首が傾いている ▶▶▶ 155ページへ
  - 動かない ▶▶▶ 155ページへ

目がおかしい

目やにや涙が多く出ます

考えられる病気 ▶▶▶ **結膜炎、角膜炎、涙嚢炎《るいのうえん》** など

おもな原因と症状

結膜や角膜に炎症が起こって目やにや涙が出る結膜炎や角膜炎、涙の通り道がふさがれたり、炎症を起こす涙嚢炎が考えられます。涙や目やにのほかに、まぶたが赤くなったり、膿みが出ることも。流れ続ける涙のせいで、目の周囲の毛が抜けることもあります。

目の異常で注意したいのは、ほかの疾患の一症状として現れている場合もあるということ。特に不正咬合が原因で起こる場合も少なくありません。ただの涙と放置せずに、全身に異常がないか、検査するとよいでしょう。

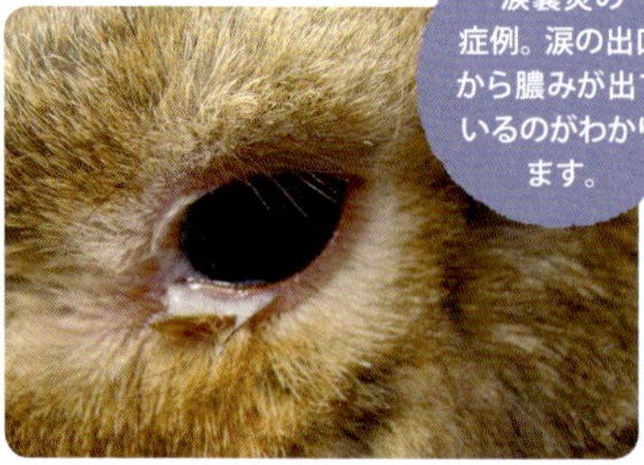

涙嚢炎の症例。涙の出口から膿みが出ているのがわかります。

✚ 治療

目のほかに、口の中や全身の検査を行い、原因となっている疾患の治療を行います。目の症状を改善するために、鼻涙管の入り口から細い管を通して洗い流す処置を行います。

✚ 家庭でのケア

涙や目やにをふき取り、目の周りをできるだけ清潔に保つようにしましょう。点眼薬が処方されたときは、回数を守って点眼します。

✚ 予防

不正咬合（145ページ参照）が原因の場合が多いので、しっかり咀嚼できる牧草を与え、歯の健康を保つことが予防に。ケージのムダ噛みなどをしないように気を配りましょう。

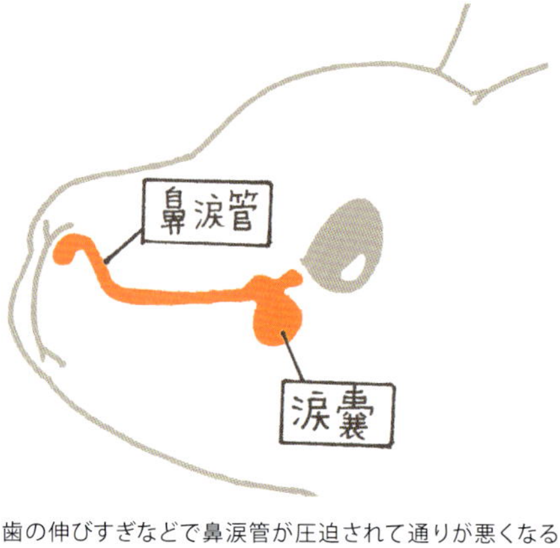

歯の伸びすぎなどで鼻涙管が圧迫されて通りが悪くなると、涙嚢に炎症が起こり、涙や目やにが多量に出るようになります。

目が濁っています

考えられる病気 ▶▶▶ 角膜閉塞《へいそく》症、ぶどう膜炎、白内障、角膜炎 など

おもな原因と症状

目が濁って見える疾患には、結膜が異常に伸びて角膜を覆ってしまう角膜閉塞症、目の中が炎症を起こすぶどう膜炎、角膜の炎症が原因で起こる角膜炎、エンセファリトゾーンという菌の感染や老化によって起こる白内障などが挙げられます。

白またはクリーム色がかったかたまりが目の表面にできることで気づきます。日常生活に大きく影響することはありませんが、違和感から落ちつかなくなったり、じっとして動かないウサギもいます。

ぶどう膜炎の症例。眼球にクリーム色をしをした塊が確認できます。

✚ 治療

目の検査のほか、レントゲン検査で細菌感染による呼吸器疾患の有無を確認することがあります。炎症がひどいときは点眼薬が処方されます。

✚ 家庭でのケア

症状を悪化させないよう、定期的に受診を。過度な干渉などでウサギにストレスを与えないようにし、視力が低下している場合は、ケージ内のレイアウトを変えないようにしましょう。

✚ 予防

牧草などが目に入って炎症を起こさないように注意しましょう。免疫力の低下は細菌感染などを起こしやすくするので、バランスのよい食事と、飼育環境を清潔に保つことを心がけましょう。

鼻がおかしい

鼻の周りが濡れています

考えられる病気 ▶▶▶ 鼻炎（スナッフル）

おもな原因と症状

おもにパスツレラ菌という細菌に感染して発症する鼻炎の症状で、病院では「スナッフル」と説明されることもあります。さらさらとした透明の鼻水から、だんだんと粘りや濁りのある鼻水になり、くしゃみやせき、ズーズーという鼻の鳴る音がするようになります。毛づくろいで前足の内側の毛が濡れて束になっていることも。悪化すると肺炎になったり、ほかの臓器へ感染が広がるので、早めの受診を。

治療

抗生物質を投与します。菌が鼻の中にいる場合は薬が効きにくく、再発することも。

家庭でのケア

鼻水をふき取り、被毛を清潔に。加湿をすると鼻の通りがよくなります。

予防

衛生的な環境、バランスのよい食事で免疫力を低下させないことがいちばんの予防です。

鼻の周りがガサガサしています

考えられる病気 ▶▶▶ トレポネーマ症

おもな原因と症状

トレポネーマという菌が感染して起こり、「ウサギ梅毒」とも呼ばれる病気です。ウサギ同士の交尾や授乳などで感染します。鼻のほか口の周りや陰部にかさぶたができることがあります。

トレポネーマ症の症例。鼻の周りがかさぶたのようになり、ガサガサしているのがわかります。

治療

抗菌薬を注射や内服薬で処方します。血液やかさぶたを採取して検査することも。

家庭でのケア

処方された薬を飲ませます。薬で症状が劇的に改善することも珍しくありません。

予防

ストレスの軽減が予防になります。感染しているウサギは繁殖させないことも大切。

口がおかしい

よだれが出たり、食べ方がおかしい気がします

考えられる病気 ▶▶▶ 不正咬合

おもな原因と症状

よだれが出る、くわえたものを落とす、食べたそうなのに食べないといった様子が見られたら、不正咬合（歯の噛み合わせがずれ、異常に伸びること）を疑います。遺伝や落下事故、食物繊維の不足、固すぎるもの（ケージなど）を噛み続けるなどで起こります。切歯（前歯）と臼歯（奥歯）の両方に起こりえます。

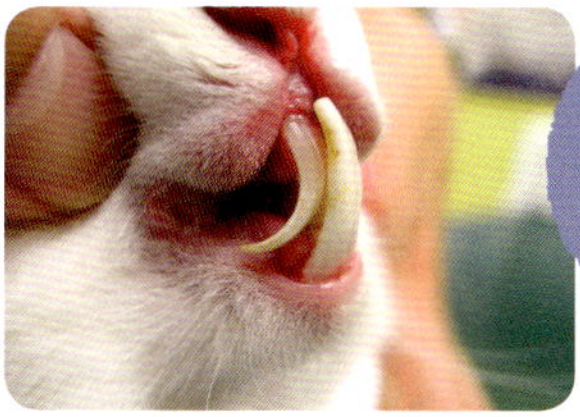

切歯の不正咬合の症例。伸びすぎた歯が皮膚を傷つけることも。

✚ 治療

伸びた歯が口の中を傷つけたり、鼻涙管を圧迫しないよう、1～数カ月間隔で伸びた歯を削ります。

✚ 家庭でのケア

伸びた歯は病院で削ってもらう以外に方法がありません。ケージを噛まないように気をつけましょう。

✚ 予防

しっかり咀嚼ができるよう、食物繊維の豊富な牧草を与えましょう。出してほしくてケージを噛んでも、要求に応えないことで噛まなくなります。落下事故にも十分に注意を。

Pick Up!

不正咬合は様々な病気の原因になり得ます！

不正咬合になると、伸びた歯を一生削らなければならないばかりか、食べられないことで胃腸の働きを低下させたり、よだれであごの下の毛が抜けてしまったりと、二次的な病気につながる怖さがあります。噛みグセを助長しないしつけと食物繊維の多い食事、定期的な歯のチェックで、予防に努めましょう。

呼吸がおかしい

鼻・肺・心臓の病気の場合

考えられる病気 ▶▶▶ ひどい鼻炎、鼻の腫瘍・膿瘍、肺炎、肺水腫、心不全 など

おもな原因と症状

　ひどい鼻炎で鼻が詰まり、呼吸が苦しくなっている場合、肺炎の場合、心臓を動かすポンプの力が弱まり、心不全や肺水腫を起こしている場合などが考えられます。鼻炎のうちは食欲もあり、元気なことが多いですが、肺や心臓に疾患があると、食欲がなくなり、動かなくなります。呼吸がおかしいのは、かなり深刻な状況。早めに動物病院へ連れていきましょう。

✚ 治療

原因に応じた治療を行います。鼻炎、肺炎の場合は二次的な感染を防ぐために抗生物質を与え、心臓の病気の場合は酸素吸入を行うことがあります。

✚ 家庭でのケア

ケージの中を不潔にしていると悪化するので、清潔に。複数飼いの場合は、ほかのウサギと接触させないようにしましょう。

✚ 予防

144ページ、鼻炎を参照

心臓・胸部の腫瘍の場合

考えられる病気 ▶▶▶ 肺腫瘍、胸腺腫、リンパ腫 など

おもな原因と症状

　心臓や肺、胸にできた腫瘍のせいで呼吸が苦しい場合もあります。腫瘍を取り除ける場合、薬で根治が望める場合もありますが、なかには腫瘍を取れないことも。その場合はウサギのつらさを和らげるための緩和治療を行います。

✚ 治療

検査で腫瘍の有無、腫瘍の位置、腫瘍の種類（悪性か良性かなど）を特定し、切除手術や投薬を行います。

✚ 家庭でのケア

ウサギが動けないようなら、飼い主さんがごはんを食べさせる（強制給餌）必要があります。温度と湿度を一定に保ち、ストレスを軽減するよう配慮を。

✚ 予防

高齢になると腫瘍ができやすいので、年齢に合わせた食生活を心がけることが予防につながります。

しこりやできものがある

腫瘍の場合

ウサギに多い腫瘍 ▶▶▶ 精巣腫瘍、基底《きてい》細胞腫、乳腺腫瘍、子宮の腫瘍（体表には現れません） など

おもな原因と症状

腫瘍には良性と悪性があり、悪性は「がん」と呼ばれます。ウイルスや化学物質など、発症の原因は様々ですが、高齢ウサギに発症率が高く、遺伝の場合も。腫瘍ができる部位によって、腫瘍があっても元気な場合と、血尿や食欲低下などほかの症状が出る場合とがあります。ウサギの腫瘍は悪性も少なくないので、しこりを見つけたら早めに受診を。

✚ 治療

切除可能な腫瘍は手術で取り除きます。他臓器への転移が見られたり、進行したがんは抗がん剤で治療することもあります。

✚ 家庭でのケア

ウサギの体への負担が少なくなるよう配慮を。腫瘍が床に着いて汚れると二次的な病気の発症の危険が。常に体表を清潔に。

✚ 予防

オスの精巣腫瘍、メスの乳腺腫瘍や子宮の腫瘍は不妊手術が有効です。予防は難しいので、日ごろの確認で早期発見に努めて。

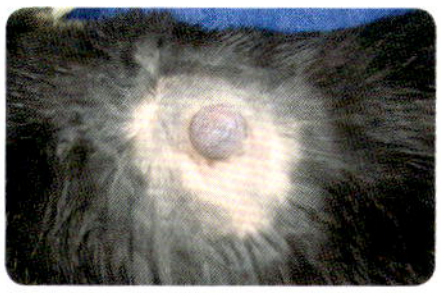

基底細胞腫の症例。体表に現れる腫瘍で、ウサギに多い腫瘍です。

膿瘍の場合

ウサギに多い膿瘍 ▶▶▶ 顔にできる膿瘍 など

おもな原因と症状

膿瘍とは、膿みがたまってしこりのようになったもの。腫瘍より感触がやわらかいのが特徴です。ケンカや事故でできた傷から起きることもありますが、ウサギに関してはほとんどが不正咬合と関係しています。そのため、あごの下や頬、目の下といった顔の周りに膿瘍ができることが多く、場合によっては涙が出たり呼吸障害を伴うこともあります。

✚ 治療

頭部レントゲン検査で歯やその周囲の状況を確認し、適切な治療を選択します。膿瘍を切除する場合もあります。

✚ 家庭でのケア

食欲がないときは、飼い主さんが食べさせる必要があります。食べている量を把握し、体力が低下しないように注意しましょう。

✚ 予防

不正咬合を起こさないように、牧草をきちんと食べさせましょう。定期的な歯科検診もおすすめです。

不正咬合が原因で目の下に大きな膿瘍ができた症例。

毛が抜ける・はげる

原因は様々。特定してから治療しましょう。

おもな原因と症状

皮膚に出る異常は、ケンカなどによる傷以外は免疫力が低下したことで起こるものがほとんどです。免疫力を低下させないためには、右記の内容に気をつけること。実は、ウサギを飼ううえで基本となることばかりなのです。

皮膚病にさせないためのポイント

- ケージの中を適温に保つ
- ケージの中を清潔に保つ
- 栄養バランスのよい食事を与える
- 過度のストレスをかけない

毛が抜けるおもな原因と治療の方法

	病名	原因と症状	治療	予防
体表のいろいろなところに症状が出る	**細菌性皮膚炎**	細菌が感染して皮膚に炎症が起こる病気で、膿皮症ともいわれます。不正咬合など、他の病気が原因で二次的に発症することが多く、目の周囲、あごの下、陰部などに多く見られます。患部の皮膚は湿って赤く腫れ、脱毛することも。 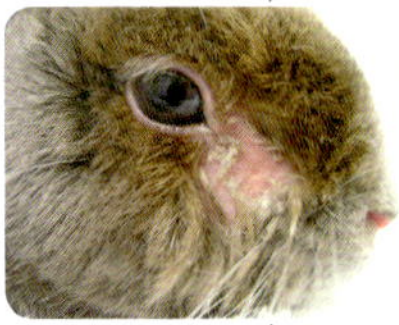 涙嚢炎によって被毛が濡れ、細菌性皮膚炎を発症したウサギ。	感染の根本原因となった病気を特定し、必要な治療を行います。抗菌薬で患部の治療も同時に行います。	衛生的な環境を心がけ、被毛が濡れないように気をつけます。不正咬合もきっかけになり得るので、歯科検診や歯のチェックを心がけましょう。
	真菌性皮膚炎	ウサギの場合は、皮膚糸状菌《しじょうきん》というカビの一種が原因で起こる皮膚糸状菌症が多く見られます。菌が存在していても健康なら症状は現れませんが、何かしらのストレスが加わって免疫力が落ちると発症します。患部は脱毛し、フケが出ます。 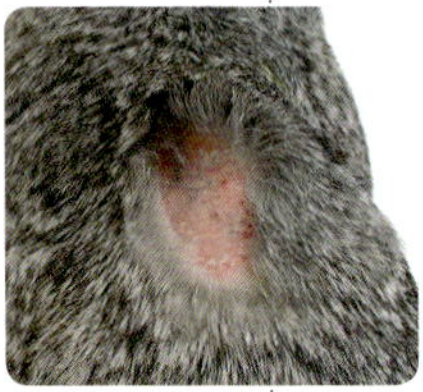 皮膚糸状菌が原因で、被毛が円形に脱毛したウサギ。	顕微鏡で被毛やフケを観察したり、培養したりして、菌を特定します。治療には抗真菌薬が処方されます。まれに人に感染することがあるため、接し方が指導される場合も。	ケージと用品の大掃除を行い、用品を完全に乾かして衛生的な環境作りを。ストレスを与えないようにも気をつけて。

	病名	原因と症状	治療	予防
体表のいろいろなところに症状が出る	**ダニの感染**	ウサギにはツメダニとズツキダニが感染します。フケや脱毛が見られ、かゆみを伴うのが特徴です。ツメダニは人も刺します。複数飼っている場合は、１匹に症状が見られたら、ほかのウサギも感染している可能性があるので受診を。  ツメダニ	顕微鏡で被毛を観察し、ダニやダニの卵を確認します。駆虫剤を注射したり、点滴を数回投与します。薬用シャンプーを用いる方法もありますが、シャンプーの経験のないウサギには危険なので避けます。	温度・湿度の管理を万全に。ブラッシングで換毛を促進したり、抜けた毛はていねいに掃除して衛生的な環境をキープしましょう。
	自分で抜く	大きなストレスを感じて自分の毛を抜いてしまうウサギもまれにいます。同じところばかりを抜くことではげたり、二次的な細菌感染を起こすことも。	飼い主さんへの問診から、原因を探ります。二次的な感染があるときは、それに対しての治療を行います。	ウサギへのストレスを軽減することが第一。メスは発情によるストレスで毛をむしることがあるので、避妊手術も予防になります。
足裏に症状が出る	**足底皮膚炎（ソアホック）**	足裏が赤く腫れ、悪化すると熱をもって膿みが出ます。痛みのせいで歩くのを嫌がり、食欲が落ちることも。遺伝的に足裏の毛が薄い、肥満で体重が重くなった、ケージの床がウサギの生活に適さない（歩きにくい、平らすぎる、不衛生など）などが原因。たいていの場合、後ろ足に症状が出ます。 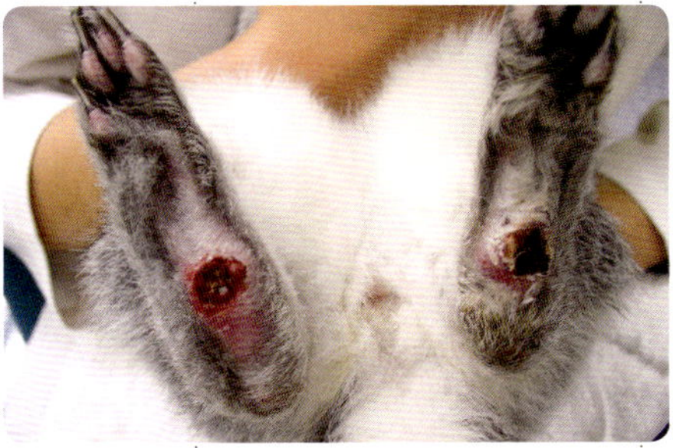 湿った木のすのこを使用し続けたことが原因で足底皮膚炎を起こしたウサギ。	外用薬を塗り、飼育環境の改善を指導します。症状が重度の場合は抗菌薬を飲ませる場合もあります。	すのこなどを敷き、足裏に負担のない環境を整えましょう。食事管理や運動で太らせないようにすること、足裏のチェックができるように抱っこに慣れさせておくことも大切。

オシッコがおかしい

いつもより量が多いです

考えられる病気 ▶▶▶ 腎不全

おもな原因と症状

腎臓に疾患があると、尿量が多くなることがあります。腎機能の低下は高齢のウサギに多く見られ、多尿のほか、食欲不振、動かない、水を大量に飲む、下痢などの症状が見られることもあります。

治療

全身の診察と血液検査を行います。腎機能の低下によって体内にたまった老廃物を排出する治療が施されますが、改善しないことも多い病気です。

家庭でのケア

入院治療になる場合も多いですが、自宅では飼い主さんが指示通りに薬を与え、静かな環境でストレス軽減に努めましょう。

予防

小さな不調を見逃さないことが大切です。5歳前後になったら、健康診断に血液検査なども追加するようにし、詳しい診断をしてもらいましょう。

何度もトイレに行きます

考えられる病気 ▶▶▶ 膀胱炎、膀胱結石 など

おもな原因と症状

膀胱に炎症を起こす膀胱炎が疑われます。細菌の感染による場合が多く、頻繁にトイレに行くほか、いつもと違う場所に排泄したり、尿の色が暗い赤色や褐色になるのが特徴。ただし、膀胱炎や膀胱結石にかかっていても、これらの症状が現れないこともあります。

治療

尿や血液検査、レントゲン検査などを行い、抗菌剤の注射や飲み薬が処方されます。原因が腫瘍や結石の場合は、手術で切除する場合も。

家庭でのケア

原因により、食事管理や排尿を助ける必要があります。獣医師の指示に従いましょう。

予防

栄養バランスのよい食事と新鮮な飲み水を与えることが予防につながります。肥満も原因になるので、太らせないように注意しましょう。

オシッコが出ていません

考えられる病気 ▶▶▶ 尿路結石

おもな原因と症状

出そうとしているのに尿が出ないのは、結石が尿路をふさいでいるのが原因と考えられます。苦しくて元気や食欲がなくなり、排泄のときにいきむ動作を見せたり、歯ぎしりをしたりもします。

家庭でのケア

結石を手術で取り出すしかないので、術後に安静にすごせる環境を作ることが大切です。

治療

レントゲン検査で結石の位置や大きさを確認したあと、手術で結石を取り出します。腎機能の低下がないか確認するために血液検査を行うことも。

予防

カルシウムを摂取しすぎると発症率が高まります。ペレットやおやつ類は表示をよく確認して、カルシウム含有量が少ないものを選ぶことが予防につながります。

オシッコの色がおかしいです

考えられる病気 ▶▶▶ 膀胱炎、尿石症、子宮疾患　など

おもな原因と症状

ウサギは健康でも濁った白、薄い黄色、オレンジ色、赤色と、様々な色の尿をしますが、なかには血がまじっている場合も。血尿が出るのは膀胱炎や膀胱結石、子宮の病気などが考えられます。見分けるのは難しいので、おかしいと感じたときは、獣医師に早めに相談するようにしましょう。

治療

原因を特定するために、尿や血液検査、レントゲン検査が行われます。結石や子宮疾患は手術で摘出します。

家庭でのケア

手術を行った場合は、術後を安静に過ごせる環境作りをしましょう。薬が処方された場合は、指示を守って与えます。

予防

カルシウム過多な食生活をさせないことが大事です。子宮疾患は避妊手術をすることで予防できます。

ウンチがおかしい

小粒だったり、出なかったりします

考えられる病気 ▶▶▶ 胃腸うっ滞（毛球症、盲腸便秘、鼓腸症 など）

おもな原因と症状

胃腸の機能低下が原因です。ウンチが出なかったり小粒になるほか、食欲不振やおなかが張る、じっと動かない、歯ぎしりをするなどの症状が出ることがあります。ウサギにとっては深刻なので、早めに獣医師の指導を受けましょう。

胃腸うっ滞とは？

飲み込んだ被毛が胃の出口をふさぐ毛球症、腹部にガスがたまる鼓腸症、下痢や便秘など、何らかの原因で胃と腸の機能が低下して起こる症状を総称して「胃腸うっ滞」といいます。

Pick Up!

ウサギに多い胃腸うっ滞のメカニズム

炭水化物や穀類などを食べて、腸内細菌が異常発酵を起こすこと、食物繊維の少ない偏った食事内容、強いストレスなどが原因で、胃腸の働きが低下し、ウンチに異常があらわれます。

治療

症状に合わせて整腸剤や食欲増進剤の投与や点滴を行ったり、毛球症は開腹手術で毛玉を取り出すこともあります。食事内容も指導されます。

家庭でのケア

食物繊維の豊富な牧草、新鮮な飲み水を与え、胃腸機能の改善をサポートします。しつこく構ってストレスを与えないように気をつけましょう。

予防

腸内環境に悪影響を及ぼす豆や麦、高たんぱくで糖質の多いおやつ類などを与えないようにし、栄養バランスのいい食事を心がけましょう。

ウンチがやわらかいです

考えられる病気 ▸▸▸ コクシジウム症、食物繊維の不足 など

おもな原因と症状

下痢の原因は様々ですが、ウサギに多いのはコクシジウムという寄生虫の寄生、食物繊維の不足した食生活、胃腸のうっ滞です。特に生後間もない子ウサギの下痢は生死に関わるので、早急な治療が必要。被毛が排便で汚れて二次的な感染症を引き起こさないように、注意が必要です。

✚ 治療

原因や症状により異なりますが、腸内環境を正常化するために整腸剤の投与などが行われます。食事内容を指導されることも。

✚ 家庭でのケア

獣医師の指導のもとに食事内容を改善し、指導があれば腹部を暖めたり、マッサージをするとよい場合もあります。

✚ 予防

ケージ内を清潔に保ち、温度・湿度管理を徹底します。食物繊維の多い牧草をたっぷり与え、栄養バランスのいい食事を心がけましょう。

Pick Up!

子ウサギの下痢には要注意!!

生後3カ月くらいまでの子ウサギは、まだまだ体ができあがっていないため、ちょっとした環境の変化でも脱水症状を起こして下痢になることがあり、場合によっては死んでしまうことも。家に来てすぐに触りすぎたり、食事内容をコロコロ変えたり、温度変化が激しい場所にケージを置かないようにしましょう。

おなかが張っている

胃腸のうっ滞や子宮疾患（メスの場合）の可能性があります

おもな原因と症状

胃腸の働きが低下し、未消化の食物が発酵しておなかにガスがたまる鼓腸症や、メスの場合は子宮疾患が考えられます。鼓腸症はおなかを触ると痛がったり、食欲や元気がなくなります。一方、子宮疾患は、初期症状は血尿くらいしかなく、末期的な状況にならない限り食欲が低下せず、元気なことが多いため、発見が遅れがちです。子宮からの出血が続いたり、腫瘍などが内臓を圧迫すると、動きたがらなくなり、苦しそうに呼吸することもあります。

✚ 治療

子宮疾患の場合は、超音波検査やレントゲン検査、血液検査などで状態を確認し、開腹手術で子宮と卵巣を摘出します。負担が大きいときは摘出しないことも。胃腸うっ滞は152ページを参照。

✚ 家庭でのケア

術後、または自宅での療養は落ちついて安静にできるように環境を整えましょう。

✚ 予防

子宮疾患は避妊手術で予防できます。手術をしていない場合は、3歳をすぎたら健康診断の頻度をこれまでより増やし、早期発見に努めましょう。

ウンチに関するギモン

Q ウンチを食べています。やめさせるべきですか？

A 栄養を取り込むための正常な行為です

ウサギはコロコロとした丸い便のほかに、ぶどうの房のような形の盲腸便という便を排泄します。盲腸便は、実はウサギにとっては栄養豊富なごちそう。盲腸便を食べるのは正常な行為なので、やめさせてはいけません。

Q 真珠のネックレスのようにつながったウンチが出ました。病気ですか？

A 飲み込んだ毛を便と一緒に排泄したものです

飲み込んだ毛が排泄されているので、病気とまではいえませんが、体内に飲み込んだ毛の量が多いかもしれません。こうした便が続くようなら、一度獣医師に相談してみましょう。

動きがおかしい

突然首が傾きました

考えられる病気 ▶▶▶ 中耳炎、エンセファソトゾーン症、脳の疾患　など

おもな原因と症状

耳の中の細菌感染や、エンセファリトゾーンという菌に脳がおかされて首が傾く状態を斜頸といいます。原因がわからずに突然発症することも。目や頭が揺れたり、バランスが取れずに倒れることもあります。

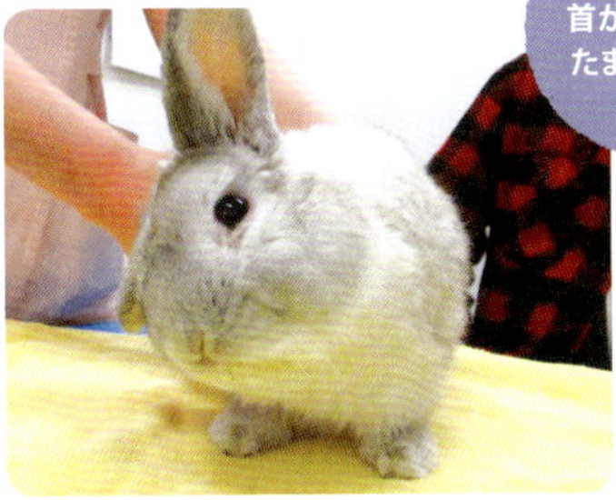

斜頸の症例。首が右に傾いたまま戻せません。

✚ 治療

耳の検査、レントゲンやCT検査、採血などで原因を探ります。長期的な治療が必要になる場合も。

✚ 家庭でのケア

進行の度合次第では、生活のすべてに助けが必要になります。発見してすぐに治療を始めれば完治の可能性もありますが、遅れると障害が残ることがあります。

✚ 予防

突然発症するため予防は難しいですが、耳の中を清潔に保ち、飼育環境を不衛生にしないことが間接的な予防になるでしょう。

ほとんど動こうとしません

考えられる病気 ▶▶▶ ケガ、骨折、あらゆる病気の可能性

おもな原因と症状

痛みや苦しさから、動けなくなっている可能性が高いでしょう。足を引きずったり、地面に着けないようにして歩いていたらねんざや骨折、脱臼などの疑いが。まったく動かず、ぐったりしているときは、ウサギにとって差し迫った状況といえます。呼吸の荒さや、そのほかに何か症状はないかを確認し、動物病院に電話を。ウサギの状態を説明してから病院へ向かいましょう。病院では、レントゲン検査や血液検査などで原因を特定し、治療法を探ります。

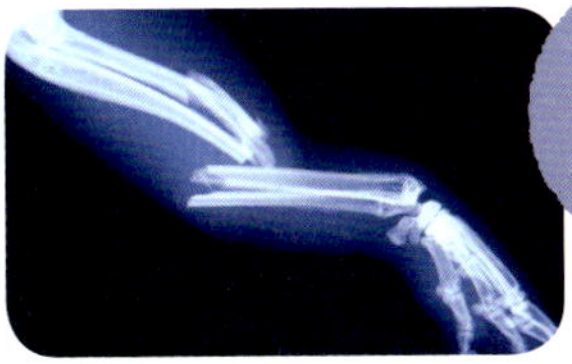

前腕を骨折したウサギのレントゲン写真。

病気予防のために

不妊手術を検討する

将来繁殖を望まないのなら、去勢・避妊手術を検討しましょう。生殖器の病気を防ぎ、問題行動が軽減できることもあります。

メリットとデメリットを考えて決めましょう

ウサギのオスは、大人になると縄張りを主張してスプレー行動をしたり、人にマウンティングをし、メスは妊娠していないのに巣作りを始める偽妊娠をくり返すことがあります。こうした、人にとってはちょっと困った行動を改善するのにも不妊手術は有効とされています。生殖器の病気を防ぐこともできるので、繁殖の予定がなければ検討するとよいでしょう。

不妊手術をする前に3つの確認

手術できる年齢になっている？

オス・メスともに、生後6カ月から1歳くらいまでにすませるのがベスト。ウサギへの負担を考えると、早すぎる手術は避けたほうがよいでしょう。

ウサギは健康？

手術では全身麻酔をするためウサギへのリスクがあります。できるだけ健康状態のよいときを選びましょう。メスは太りすぎていると手術がしにくくなります。

将来、繁殖の予定はない？

当然のことながら、手術をしたあとは赤ちゃんを作ることができません。じっくり検討してから、不妊手術をするか決めてください。

オスの去勢手術

手術内容

全身麻酔をかけ、左右の精巣（睾丸）を摘出し、傷口を縫合します。10日前後で抜糸をします。

費用の目安

2～4万円程度
（別途入院費が必要な場合もあります）

入院期間

1、2日程度

○ メリット

- スプレー行動がなくなる
- マウンティングをしなくなる
- 攻撃的な性格がおだやかになる
- 精巣腫瘍など、生殖器の病気にかからなくなる

× デメリット

- 二度と繁殖できなくなる
- 全身麻酔によるリスクがある（※）
- 太りやすくなる

メスの避妊手術

手術内容

全身麻酔をかけ、開腹して卵巣（または卵巣と子宮）を摘出し、縫合します。10日前後で抜糸をします。

費用の目安

3～7万円程度
（別途入院費がかかる場合があります）

入院期間

1～5日程度

○ メリット

- 望まない妊娠を避けられる
- 偽妊娠をしなくなる
- 性格がおだやかになる
- 子宮疾患など、生殖器の病気にかからなくなる

× デメリット

- 二度と繁殖できなくなる
- 全身麻酔をし、開腹手術となるため、オス以上に手術中のリスクが大きい（※）
- 太りやすくなる

※全身麻酔中は、心肺機能が低下します。手術前に獣医師とよく相談しましょう。

もしもに備えて

ケガや事故への対処

万が一の事故のとき、飼い主さんがあわててウサギの具合を悪化させないように、応急処置の知識を持っておきましょう。

ウサギの事故には落ち着いて対応しましょう

　ウサギがケガをしたり、急に具合が悪くなったときは、ウサギの具合を悪化させないための応急処置をして、動物病院へ連れていきましょう。素人判断では適切な処置が難しいので、まず電話をして病院からの指示を仰ぎながら行ってもよいでしょう。軽度に見えても事故のストレスで体調を崩すこともあるので、処置したあとに病院で診察してもらってください。

Point!

ウサギ専用の救急箱を作っておきましょう

いざというときあわてないためには、ウサギ専用の救急箱を作っておくと安心。消耗品や使用期限のあるものは、定期的にチェックして補充をしましょう。救急箱は、外出するときにも持参するのがおすすめです。

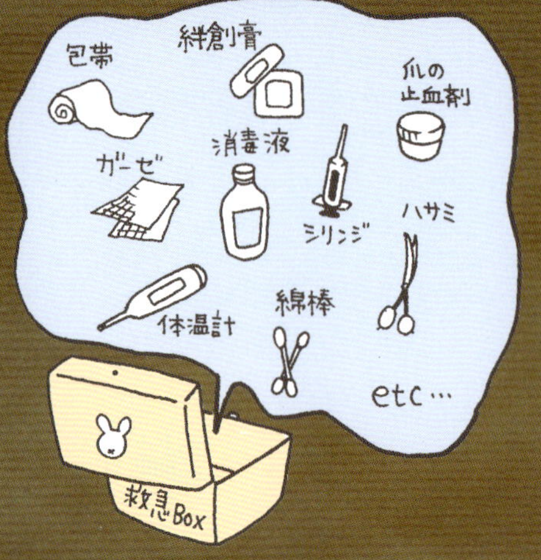

- 包帯（伸縮性があるもの）
- ガーゼ
- 絆創膏
（数種類のサイズがあると便利）
- 消毒液
- ペット用の爪の止血剤
- 体温計
- シリンジ
- ハサミ
- ペット用爪切り
- ペット用イヤークリーナー
- 綿棒
- ペット用目の洗浄液
または生理食塩水
- 保冷剤
- 使い捨てカイロ
- タオル
- 処方されている薬　など

※ペット用と表記していないものと、処方されている薬以外は、人用を使用できます。

高いところから落ちた

▶▶▶ 狭いところに入れて、動物病院へ

痛がってあばれないよう 行動を制限しましょう

　足を床に着けるときはねんざや打撲、まったく着けないなら骨折や脱臼の可能性があります。痛みのせいであばれたりするので、キャリーケースや段ボールなどの狭いところに入れ、動きを制限してから動物病院へ。副木《ふくぼく》をするとウサギが嫌がったり、かえって悪化させることもあるので、しなくてOK。

出血した

▶▶▶ 止血をして消毒を

患部を圧迫して 血を止めましょう

　小さな傷ならカーゼやタオルを当て、上から押さえて止血し、消毒を。ウサギがあばれるときは、キャリーケースや段ボールなど、狭い場所に入れて落ちつかせましょう。爪を切りすぎたときは止血剤で止血します。

やけどをした

▶▶▶ 冷やしてから動物病院へ

患部を確認してから 冷やしましょう

　熱いものに触れたと明らかなとき、こげたようなにおいがしているときは、やけどの可能性が。皮膚に赤みややけどの跡がないか確認し、患部をタオルでくるんだ保冷剤や氷水で冷やしてから病院へ連れていきましょう。

熱中症になった

▸▸▸ 体を冷やしてから動物病院へ

体を十分に冷やして体温を下げることが先決

30度を超えるような暑くて風通しの悪い場所では、ウサギは熱中症になってしまいます。呼吸が荒く、ぐったりしていたら緊急事態。命にかかわるので、被毛が濡れても氷水で濡らしたタオルで全身を包んだり、保冷剤や氷水でとにかく体温を下げてから、できるだけ早く動物病院へ。予防のためには、真夏日の外出や、車中に長時間置いておくなどの行為を避けましょう。

感電した

▸▸▸ 動物病院へ

ゴム手袋をしてから意識を確認しましょう

ウサギの感電のほとんどは、電気コードをかじって起こります。その際は、人も感電しないようにゴム手袋をしてから電源を切り、コンセントを抜いてウサギの意識を確認します。意識があっても口の中をやけどしている場合があるので、病院に連れていきましょう。

噛まれた

▸▸▸ 消毒をして動物病院へ

患部に消毒をして動物病院へ

ウサギ同士のケンカや同居している動物に噛まれると傷口が化膿する恐れがあります。患部を消毒して、動物病院で処置してもらいましょう。ウサギが興奮状態で飼い主さんを噛むことがあるので気をつけて。

中毒を起こした

▶▶▶ 動物病院へ

口に入れたものを確認し動物病院へ

　ケージから出して遊ばせているときなどに、口にしてはいけないものを誤飲するケースが多いようです。ウサギは吐くことができないので、病院で診てもらいましょう。飲み込んだと思われるものを持参するか、メモを取り、獣医師に相談を。

中毒を起こす可能性のあるもの

- ニンニク
- ニラ
- アボカド
- ジャガイモの芽や皮
- 生の大豆
- コーヒー
- お茶
- チョコレート
- 観葉植物全般
- タバコ
- 殺虫剤
- 防腐剤
- 化学薬品

など

※与えてはいけないものは、116、117ページも参考にしましょう。

ウサギMEMO

動物病院へ連れていくときの注意点

1 普段から病院に慣らしておく

処置がスムーズにできるよう、定期的な健康診断などで病院に慣らしておきましょう。

2 必ず安定感のあるキャリーケースに入れて移動

移動の際は必ずキャリーケースに入れましょう。足元が安定しているとウサギが落ちつきます。

3 夏は涼しく、冬は暖かく

ウサギの体調を悪化させないために、キャリー内の温度管理を忘れずに。夏はクールボードや保冷剤、冬は使い捨てカイロなどを活用しましょう。

もしもに備える

自宅で看病するとき

ウサギは体が小さい分、体調の悪化は命取りになることも。ストレスを軽減できるケアのしかたを覚えておきましょう。

受診後は獣医師の指示を守りましょう

受診したときに獣医師から受けた指示は、必ず守りましょう。薬の量はもちろん、回復したように見えたからといって、飼い主さんの自己判断で投薬をやめないことも大切。気になる点や、判断に迷うようなことがあったときは、電話で獣医師に相談しましょう。

室温の管理を徹底しましょう

体調が悪いときは、温度の変化がウサギの負担に。ケージのある部屋の温度が一定になるよう、エアコンなどで温度管理を。また、乾燥しすぎや湿度が高すぎるのも、体力が落ちているウサギにとっては命取り。加湿器や除湿器も取り入れ、湿度管理も徹底しましょう。

ウサギが落ちつけるように、気を配りましょう

体が弱っているときは、より神経質になります。ウサギが静かな場所で落ちつけるように、環境作りに気をつけてください。大きな音を出さない、ケージにバスタオルをかける、必要以上に干渉しない、複数飼いやほかに同居している動物がいるときは、具合の悪いウサギとの接触を避けるなど、健康なとき以上に気をつけて。

薬を飲ませるときは素早くすませましょう

具合の悪いときに余分な体力を使わせないよう、薬を与えるときはやさしく、素早く行うのがベター。必ず獣医師から指示された量や与え方を守りましょう。

薬の飲ませ方

切歯に当たらないように口の脇にシリンジの先を挿します。ウサギが飲み込むペースに合わせながら、少しずつ飲ませましょう。

目薬のさし方

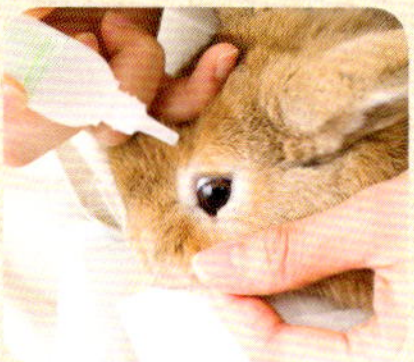

ももの上に抱っこし、下まぶたを少し引っ張って目薬をさします。こぼれたらティッシュでふき取りましょう。

Point! シリンジに慣らしておきましょう

ウサギの好きな野菜や果物のジュースを入れて、シリンジで与える練習を。おいしいものがもらえると覚えさせておくと、薬を飲ませるのが楽になります。

ペロッ

食欲がないときは、ごはんのあげ方を工夫して

ウサギの胃腸は常に動いているのが理想。食欲がないときでも、食べさせる工夫をしましょう。ペレットは細かくくだいたり、水でふやかして食べやすくします。野菜類は細かくカットするかペースト状に。自力で食べられないときは、すりつぶしたペレットや水をシリンジでウサギの口に流し込みます。ボトルタイプの水飲みでは飲みづらそうなときは、回復するまで置き型の水飲みに変えてもよいでしょう。

置き型にCHANGE
OK!!
助かります
ペレットはくだくか水でふやかす
水
野菜は細かく

薬の種類を知る

病院で処方される薬

ウサギに処方される薬の中で一般的なものを紹介します。
それぞれの役割を、参考までに知っておきましょう。

ウサギ専用の薬はありません

ウサギに処方される薬には、ウサギ専用のものはなく、ウサギに使用しても問題のない人用の薬や、ほかの動物用の薬がほとんどです。動物病院では、注射や点滴によって薬や栄養を補給する治療も行われます。動物病院で処方された薬は、必ず指導された飲ませ方を守ること。飼い主さんの判断で量を増やしたり、途中で飲ませるのをやめたりしないようにしましょう。

おもな薬の種類

抗生物質

細菌を殺して、治療中の病気の悪化や二次的な病気の発症を防ぎます。

鎮痛剤

痛みを和らげる薬です。外傷の場合も、ぬり薬より飲み薬が処方されるのが一般的。

抗炎症剤

痛みやかゆみを伴う赤みや腫れの症状を和らげます。

整腸剤

下痢や便秘など、おなかの不調を正常化する薬です。

点眼薬

液体状の目にさす薬です。目の異常は、その原因によって飲み薬が出される場合も。

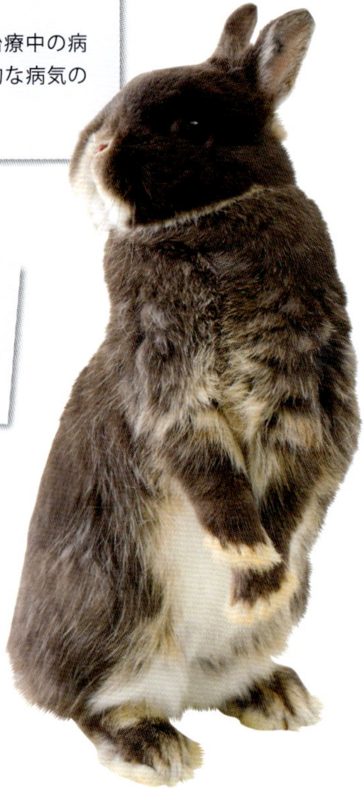

ウサギを見送る

ウサギとのお別れ

家族も同然のウサギとの別れはつらいものですが、いずれ来る日のために、後悔のない見送り方を考えておきましょう。

「ありがとう」の気持ちを伝えてあげましょう

ウサギの寿命は長くても10年前後。いずれ飼い主さんが見送る日が来ることは避けられません。ときには楽しく、ときには大変な思いをしながら一緒に過ごし、命の尊さを教えてくれたウサギに感謝の気持ちを伝えて送り出しましょう。見送り方にはいくつかの方法があります。飼い主さんにとって、いちばん納得のいく方法を検討してください。

ウサギの見送り方

● 自宅の庭に埋める

早く土に還るよう、何にも入れずに、または布に包んで埋めましょう。ほかの動物に掘り起こされないためには、可能なら1mくらい掘ると安心です。公園など公共の場に埋めると、「不法投棄」となり、法律に違反するので埋めてはいけません。

● ペット霊園に納骨する

基本的には火葬が行われ、合同慰霊碑に納骨、霊園や納骨堂に個別に納骨、骨を引き取り、自宅の庭に埋葬するなどの方法があります。

● 自治体に引き取ってもらう

保健所や清掃局などが、ウサギの遺体を引き取ってくれるケースもあります。自治体により、火葬して返骨してくれるところとそうでないところ、料金設定なども様々。住んでいる地域の自治体に確認しましょう。

ウサギMEMO

ペットロスになったら

ペットを失った喪失感や悲しみから立ち直れずに、気力をなくしてしまうことを「ペットロス」といいます。もし、ペットロスになってしまったら、我慢をしないで思い切り泣いたり、周囲の人にウサギの思い出を話してください。そうするうちに、少しずつウサギの死を受け入れられるようになっていきます。

Break Time 7

知っておきたい動物由来感染症

動物由来感染症（ズーノーシス）とは、動物から人へうつる可能性のある病気のことです。こう書くと不安に思うかもしれませんが、ウサギを清潔な環境の中で、健康に飼育していれば、それほど恐れることはありません。ウサギを病気にさせないこと、感染の可能性のある行為（口移しで物を与えたり、キスするなど）をしないこと、ウサギに触ったあとは手を洗うことを心がけましょう。

おもな動物由来感染症

皮膚糸状菌症

糸状菌というカビの一種が皮膚病を起こします。病気を持ったウサギに触れると、まれに人にもうつります。

サルモネラ症・トキソプラズマ症

サルモネラ菌という細菌、トキソプラズマという寄生虫に感染する病気です。感染したウサギの排泄物に触れると、人にもうつる可能性があります。

パスツレラ症

パスツレラ菌の感染により、皮膚症状や呼吸器症状が出ます。ウサギに噛まれると、傷口から人に感染することがあります。

外部寄生虫（ノミ・ダニ）

ノミ、ダニが寄生して皮膚病を起こします。ウサギに寄生したノミやダニが、人にも寄生することがあります。

避けるためには……

1. ウサギの飼育環境を清潔にし、病気にさせない！
2. キスや口移しはNG！
3. ウサギに触ったあとは、必ず手を洗う！

Chapter

8

ウサギの妊娠・出産・子育て

ウサギの繁殖

繁殖の基礎知識

安易な繁殖で不幸なウサギを生まないためにも、
繁殖についての正しい知識を持っておきましょう。

ウサギは繁殖能力が高い動物

ウサギは野生では肉食動物に狙われる、立場の弱い存在。そのため、多くの子孫を残そうとする本能が強く備わっています。性成熟も早く、メスはほぼ年中発情しているため、いつの間にか子どもが生まれてしまうこともあります。しかし、出産は母ウサギにとって体力を消耗する行為。繁殖の時期や繁殖に適した条件などを確認してから行いましょう。また、違う品種間での繁殖も可能ですが、純血種がほしい、こんな被毛のカラーがほしいなど、希望があるときは、実際に繁殖を行う前に専門店のスタッフに相談してください。

繁殖の前に3つの確認

ウサギは多産。ちゃんと飼えますか？

ウサギは1回の出産で4～10匹の子ウサギを生みます。成長したら、ケージもそれぞれ分けなくてはなりません。責任を持って飼えますか？

譲り先は繁殖の前に見つけておいて

生まれた子ウサギを里親に出すときは、早めにもらい手を見つけておくことが大切。生まれてからでは、すぐに大きくなってしまいます。

親になるウサギは健康ですか？

ウサギに病気があったり、病中、病後で弱っているときは繁殖させないでください。年齢が若すぎたり、高齢すぎる場合も適しません。

ウサギの性成熟と発情期

♂ オス

- **性成熟**：生後５カ月前後
- **繁殖に適した時期**：生後半年から５歳くらいまで
- **発情周期**：メスに合わせて発情する

♀ メス

- **性成熟**：生後３カ月前後
- **繁殖に適した時期**：生後半年から３歳くらいまで
- **発情周期**：10日間前後の発情期と2、3日間の休止期を年中くり返している
- **排卵**：交尾の刺激で排卵する
- **妊娠期間**：30日前後

出産に向かないウサギは繁殖させないで！

以下の項目のどれかに当てはまる場合は、繁殖をしないほうがよいでしょう。

- □ 初めての発情での交尾
- □ 出産の経験がないまま２歳をすぎた
- □ ５歳以上の高齢
- □ 健康状態が万全でない
- □ 太っている
- □ 前回の出産から2カ月以上経っていない
- □ 近親ウサギ（親子・きょうだい）との繁殖
- □ 異常な子ウサギが生まれたことがある

ウサギの繁殖

お見合いから交尾まで

お互いの相性がよくないと、うまくいかないのは人間と同じ。
成功させるためには、ゆっくり2匹を慣らしていきましょう。

相手の見つけ方

新たにうさぎを迎える

ショップからウサギを新たに購入して迎えるときは、ウサギの年齢に注意してください。迎えたときに、まだ生後半年を過ぎていなければ、繁殖に適した時期が来るまで待ちましょう。

知人から相手を借りる

飼っているのがメスの場合は、相手の家へ連れて行きます。反対の場合は、自宅にメスを連れてきてもらいましょう。メスは自分の縄張りにほかのウサギが入ることを嫌がり、攻撃的になるためです。

すでに2匹飼っている

2匹が親子やきょうだいなど、近親ウサギでないことが条件です。近親ウサギ同士の繁殖では、体に異常のある子や生まれつき弱い子が生まれる可能性があるため、おすすめできません。

繁殖に適した時期

清潔なケージと適温のなかで飼われているペットのウサギであれば、環境がほぼ変わらないので、年中繁殖が可能です。ただし、極端に暑い、または寒い時期は避けたほうがいいでしょう。

1 ケージを隣り合わせて対面させます

縄張り意識の強いウサギ同士をいきなり一緒にすると、ケンカになることがあるので、ケージを隣り合わせるか、メスをケージに入れたまま、オスだけをケージから出します。

2 ケージから出して遊ばせてみましょう

ケージ越しにお互いがにおいをかいだり、関心を示している様子なら、ケージから出して遊ばせてみましょう。

3 メスがお尻を上げ、オスがメスの上に乗る

メスがお尻を上げるのは、オスを受け入れる準備ができたサインです。オスはメスを後ろから抱きかかえるように、メスの上に乗ります。この姿が見られたら、交尾は成功です。交尾は何度かくり返されることもあります。

! 交尾は一瞬。見逃すこともあります

ウサギの交尾は20〜30秒と一瞬なので、飼い主さんが見逃すこともあるかもしれません。交尾の様子が見られなくても、一緒にいさせるのは半日までにしましょう。

! ケンカをしたら2匹を離し、後日再トライを！

ケンカをしたらすぐに2匹を離します。2、3日後に再度チャレンジしてもダメなら、相手を変えましょう。離すときに噛まれることもあるので、軍手などをしましょう。

4 交尾がすんだら2匹を別々に

オスが「キーッ」と鳴いて倒れるような姿を見せたら、交尾終了の合図。2匹を再び離しましょう。あまり長くいさせると、交尾が成功したのに再び交尾をくり返してしまいます。

ウサギの出産

妊娠中、出産時のケア

交尾が成功したら、出産までは約30日。
母ウサギが落ちついて出産できるように、環境を整えましょう。

出産に向けて、ごはんはたっぷり与えましょう

　メスは交尾の刺激によって排卵するため、交尾が成功すればかなりの確率で妊娠します。交尾から３週間くらいで体重が増加していれば、妊娠のサイン。この頃には子ウサギを育てるために、ごはんをもりもり食べるので、ペレットと牧草は食べたいだけ食べさせてかまいません。妊娠期間は約30日。妊娠３週目をすぎ、出産の4、5日前には巣作りを始めます。

妊娠初期
（交尾～妊娠２週目）

これまでと変わらないお世話をすればOK

妊娠初期（交尾の翌日から２週間くらい）は、体重や食欲にあまり変化がないため、妊娠しているのかがはっきりとはわかりません。普段よりまめに体重測定をし、体重の変化に気を配りましょう。掃除などは普段どおり行い、食事量もこれまでどおりでかまいません。妊娠していれば、3週目に入るころから食欲が増し、体重も大幅に増えてきます。

妊娠中期
（妊娠３週目～）

普段の倍の量のごはんを与えましょう

ペレットと牧草は食べたいだけ食べさせてOK。妊娠期用の栄養価の高いペレットも販売されていますが、いきなり変えると食べないウサギもいるかもしれません。新鮮な水も常に補充しておきましょう。

巣作りの準備をしましょう

ウサギが自分の胸やおなかの毛をむしったり牧草を集めて巣作りを始めたら、いよいよ出産間近です。母ウサギと子ウサギが入っても狭くない巣箱をケージに入れましょう。広すぎると落ちつかないので、ウサギの体に合わせてジャストサイズを選んで。ケージの中には、巣作り用に牧草をたっぷりと敷いておきます。

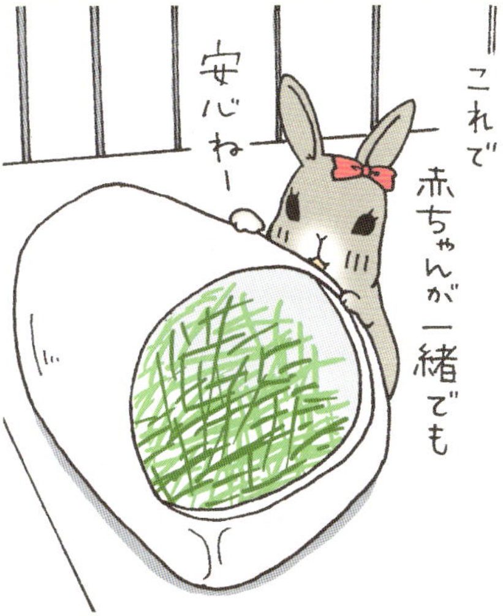

出産間近
（交尾から25〜30日）

出産時
（交尾から約30日目）

落ちついて出産できるよう、あまり干渉しないで

出産が近づくと、母ウサギは神経質になります。触られることを嫌がったり、構われることをストレスに感じるので、ケージにバスタオルなどをかけて目かくしをし、落ちつける環境作りをしてください。何度もケージをのぞきにいかないように気をつけましょう。

ウサギの子育て

子ウサギの離乳まで

離乳までの子育ては、母ウサギの仕事。
母ウサギが落ちついて子育てできるように、静かに様子を見守って。

水とごはんの交換以外は構わないで

母ウサギがとても神経質になっているときです。子ウサギには触らず、ごはんと水の交換以外では、ケージに近づかないようにしましょう。引き続きケージにバスタオルなどをかけて、落ちつける環境作りを。母ウサギには妊娠中同様の食事量を与えます。生後3週間くらいまでは、子ウサギのごはんは母乳のみです。

生後1週間まで → **生後3週間**

ウサギMEMO

母ウサギが育児放棄をしてしまったら……

母ウサギが育児放棄をしたときは、成分無調整牛乳（人用）に乳幼児用の乳酸菌を少量混ぜたミルクを、スポイトで与えます。1日に与えるミルクの量は、子ウサギの体重の2割を目安に。飲み具合によって、1日1～3回に分けて与えましょう。

母乳以外のものを食べるようになります

子ウサギはまだ母乳も飲みますが、生後3週間をすぎると細かくくだいたり、水でふやかしたペレット、やわらかい牧草なども食べられるようになります。少しずつ慣らしていきましょう。母ウサギには、引き続き通常の倍の食事を。

出産も子育ても母ウサギ１匹でやります

ウサギは早朝に出産をすることが多いようです。心配で様子をみたい気持ちもわかりますが、あまり干渉すると母ウサギが育児放棄し、子どもを食べてしまうこともあります。母ウサギが落ちついて子育てに専念できるよう、気配を消して静かに見守るようにしましょう。出産後はケージの掃除は最小限にし、ごはんと水の交換以外ではケージに近づかないようにしましょう。

母ウサギの食事量を戻していきましょう

生後６週間をすぎると、子ウサギが母乳を飲まなくなり、離乳が完了します。子ウサギに与える栄養が必要なくなるので、母ウサギの食欲が減ってきます。数日かけて少しずつ通常どおりの食事量に戻していきましょう。

生後6週間 → **生後8週間**

子ウサギを母親から離し、ケージを分けましょう

離乳を終えた子ウサギは、生後8週をすぎると親離れの時期。母親と離し、子ウサギを１匹ずつ分けて育てます。生後2カ月をすぎたら、引き取ってくれる人に渡してもよいでしょう。環境の変化でストレスを感じ、下痢などになりやすいので気をつけて。

●監修者紹介

田向　健一

[たむかい　けんいち]

愛知県出身。麻布大学獣医学科卒業。田園調布動物病院院長。病院では小動物の診療にも力を注いでおり、ストレスを感じやすいウサギに配慮した「ウサギ専門外来」を設けているほか、ウサギ専門誌の記事監修や小動物に関連した著書も多数ある。

田園調布動物病院

東京都大田区田園調布 2-1-3

☎ 03-5483-7676　http://www5f.biglobe.ne.jp/~dec-ah/

●撮影 ―― 大森大祐（大森大祐写真事務所）

●イラスト ―― 尾代ゆうこ

●デザイン ―― 柿沼みさと

●編集協力 ―― 永瀬美佳　長島恭子　佐藤英美（ラッシュ）

●取材・撮影協力 ― うさぎのしっぽ横浜店

神奈川県横浜市磯子区西町 9-2

☎ 045-762-1232　http://www.rabbittail.com/

●撮影協力 ―― フィールドガーデン（カインズホーム城山店内、カインズホーム町田多摩境店内）

http://www.fieldgarden.jp/

茂木宏一（チョビンちゃん、デイジーちゃん、ジェニファーくん、

ジェニファーベビーちゃん）

●写真協力 ―― 田向健一（症例写真）

かわいいウサギ　飼《か》い方《かた》・育《そだ》て方《かた》

●監修者 ―― 田向 健一［たむかい けんいち］

●発行者 ―― 若松 和紀

●発行所 ―― 株式会社西東社《せいとうしゃ》

〒113-0034 東京都文京区湯島 2-3-13

営業部：TEL（03）5800-3120　FAX（03）5800-3128

編集部：TEL（03）5800-3121　FAX（03）5800-3125

URL：http://www.seitosha.co.jp/

ISBN978-4-7916-1735-7